U0155840

LIFE<ライフ>人间が知らない生き方

生命
在于静止

有趣动物的冷知识

[日] 篠原薫——— 著　　[日] 麻生羽吕———绘　　宋忆萍 译

湖南文艺出版社
HUNAN LITERATURE AND ART PUBLISHING HOUSE

博集天卷
CS-BOOKY

一只猴子如果喝醉酒之后，
或许就再也不会碰酒了，

所以，它比大多数人
还聪明。

——查尔斯·达尔文

<hr/>

An American monkey after getting drunk on brandy

would never touch it again, and thus is much wiser

than most men.

——Charles Darwin

<hr/>

INTRODUCTION

介绍

在具有约 46 亿年历史的地球上，
生命诞生于 40 亿年之前。

今天，地球上的生物种类，
据说多达 870 万种。

在漫长的历史中，有的物种愈加繁荣，
而有的则已销声匿迹。

在这其中，我们人类的祖先——
猿人，诞生于大约 700 万年前。

如果把地球的历史
以日历的 365 天来计算，
人类就好比是诞生于 12 月 31 日。

也就是说，我们还太年轻。

与其他生物相比，
我们的生存方式还远远
"没有成形"。

你知道吗，
猫为什么那么黏人？
海豚为什么需要跳跃？
水豚为什么被称为"草原之王"？

长颈鹿实际上在非洲
也是数一数二的强者。

有一种小动物
敢于挑战强大的狮子。

树懒为什么总是
如释迦佛陀般纹丝不动？

这些，我们都不知道。

生物是如何生存的？
而我们，又该如何生存下去？

本书讲述了 20 种生物
不为人知的生存方式，
从中我们也可以学习到关于生存的"战略"和"习惯"。

有时是良师益友，
有时是反面教材。

从这些故事中，
一起来思考人类独有的生存方式。

让我们一起来阅读、思考。

CONTENTS

目录

企鹅

枪打出头鸟（但正是出头鸟，改变了世界）

企 鹅 的 启 示

帝企鹅
——

企鹅目企鹅科
身高 0.9～1.2 米
主要栖息地:
南极大陆

在欲望横流的人类社会，总是会发生『叛逆』。

但是，并不只是人类才有这样的情况。

企鹅，

和人类同样，属群居动物。

企鹅全身由黑白两色松软密集的羽毛覆盖，

不论男女老少，都爱看它一摇一摆的走路姿势。

但是，从它萌萌的外表中你绝对不会想到……

有一种企鹅，在从冰山上跳入大海之前，必然会先把排头的伙伴踢入大海中。

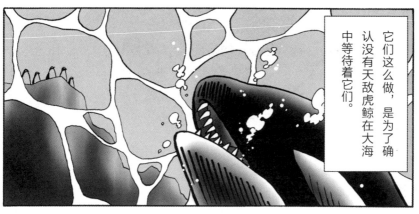

它们这么做，是为了确认没有天敌虎鲸在大海中等待着它们。

如果企鹅被踢下大海的那只企鹅浮出水面，

大家便可安心地进入海水中。

通过牺牲少数个体，来保护大多数企鹅，这被认为是企鹅的本能。

被踢下海水中的，必定是离大海最近的先头集团中的企鹅。

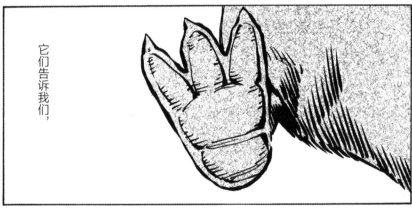

它们告诉我们，

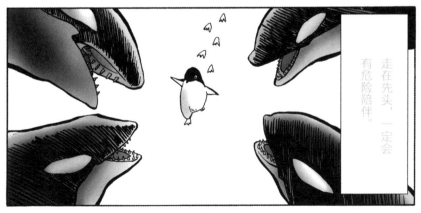

走在先头，一定会有危险陪伴。

但是，也正是最早进入大海的那只企鹅，能获取最多的食物。

所以，我们把第一个挑战未知领域或新的行业的人称为『第一只企鹅』。

我们总是说『枪打出头鸟』，但是，

无论在哪个时代，开创新时代的，永远是走在先头的勇者。

爱的形式

————

　　帝企鹅是现存企鹅家族中个体最大的物种，同时其抚育后代的方式，也可以说是鸟类中最为艰苦的。

　　帝企鹅一生中有 70% 的时间在海水中度过。每到三四月时，帝企鹅便会来到无法获取食物的内陆地进行交配，产下一枚约 450 克重的企鹅蛋。

　　大多数企鹅会与固定的异性企鹅相守一生，因此对它们来说，求爱是件大事。

　　根据种类不同，企鹅的求爱行动也各有特色。最有名的便是一种被称为"恍惚表演"的方式。此时，雄企鹅会展开鳍状的"翅膀"，仰头扯开嗓子，发出高昂的鸣叫声。看到这种"恍惚表演"的雌企鹅，便会选择自己中意的雄性伴侣。

　　但是，帝企鹅却并不进行这种"恍惚表演"，而是采用另一种舞蹈的方式。还有一种罕见的方式，即雄性企鹅向雌性企鹅赠送一块石头作为礼物，如果对方触摸石头，则表示求爱成功。

当雌企鹅产卵之后，便会离开雄企鹅到大海中觅食。留下的雄企鹅则会把企鹅蛋放入自己被称为育儿袋的部分，也就是两脚上肥大的皮肤中包裹起来，然后一直保持站姿。

企鹅培养后代，是在"栖息地"中集体进行的。生活在酷寒中的企鹅，如果不互相依偎着生活，便有可能很快被冻死。

雄企鹅会一直在寒风中站立着，在低至零下60摄氏度的南极冰雪中，整整65天不吃任何食物，用体温来呵护企鹅蛋。当小企鹅孵化出来时，雄企鹅的体重大概会减少40%。

从求爱时开始计算的话，大约在长达120天的时间，雄企鹅始终不饮不食。即使在小企鹅破壳而出之后，也不会立刻离它去大海觅食。此时，雄企鹅会给刚刚孵出的小企鹅喂一种叫作"企鹅奶"的营养丰富的分泌物，继续照顾10天左右。"企鹅奶"富含脂肪和蛋白质，仅仅依靠这一种分泌物，小企鹅的体重便能够增加到吃之前的两倍左右。

在开始给小企鹅喂"企鹅奶"时，雌企鹅终于回来了。雌企鹅将食物储存于胃内，然后将其吐出来喂食小企鹅。此后，雄企鹅还会与雌企鹅交替外出觅食。

一生钟爱一位伴侣，并且齐心协力抚养后代，很多人或许会被企鹅的爱情故事所感动，但是，它们其实也有残忍的一面。如果自己的小企鹅在繁殖过程中死亡，它们会从其他企鹅处偷取小企鹅。而对偷来的小企鹅，往往会在数天之后便弃置不顾。

　　此外，在丹麦的动物园中，还发生了两只雄性企鹅伴侣共同育儿的故事。当饲养人员把企鹅蛋交给这对企鹅后，它们成功地孵出了小企鹅，并将其抚育长大。类似的事例在这个世界上还有数起报告，似乎在告诉我们人类，世界上可以有各种不同的爱的方式。

Penguin

企鹅
冷知识

如果被踢下海的企鹅不幸被虎鲸吞食，其他企鹅会站在冰山上等待片刻，然后将另一只伙伴踢入大海，继续观察情况。

企鹅寿命很长，在人工饲养下有时可以生存将近 40 年。

以人类来打比方，企鹅的姿势好比其将自己的足尖当作椅子，身子坐在上面遮住了脚。其实企鹅拥有一双大长腿。

每年都会和相同的伴侣交配 (哪怕双方都是雄性)。

洪堡企鹅数量稀少，被认定为濒临灭绝品种，但或许是由于气候条件吻合，其中大约有一成栖居于日本的动物园中。

企鹅的口中其实满嘴尖牙。

企鹅的脚不会被冻伤。

狮子

失败是成功之母

狮子的启示

狮子

食肉目猫科
体长 1.7～2.5 米
主要栖息地：
非洲、印度

人生总有不得不面对挑战的时候，

*音乐演奏会

但是，有时仅仅一次的失败，

也许就会挫败再次挑战的意志。

例如人所共知的热带草原之王——狮子。

狮子以被称为『自豪』的群居方式生活，每个群由一只雄狮及 10 只左右母狮组成。

狩猎主要由母狮们集体行动。

它们的狩猎对象广泛，小至凯撒犬，大至角马，都是它们的猎物。

狮子的外貌，俨然显示着『百兽之王』的风范。

据说，其狩猎的成功率约为20%。

但是，狩猎绝对不是狮子的天生强项。

大的猎物又会把它们甩开。

小的猎物从嘴边逃之夭夭，

但是，它们还是一次又一次地发起袭击。

如果这样还是无法获得猎物，便去横刀夺爱，抢占土狼或猎豹的成果。

它们这么做，是因为如果放弃了狩猎，群体中的伙伴们都会饿死。

它们的这种狩猎方式，让我们体会到了生活的本质。

对人生来说，最大的失败是失去生命。

除此以外的失败，都可以有挽回的余地。

只要不懈地挑战尝试，

便会慢慢体会到不成功的原因，以及获得成功的方法。

只要不断挑战，直至成功，那么世上也就不存在『失败』二字。

选择不断战斗的勇者们

――――

狮子是仅次于老虎的大型猫科动物，并且是猫科动物中唯一保持群居生态的物种。

那么，狮子为什么需要择群而居呢？

实际上，不论单独行动还是集体行动，狩猎的成功率并没有不同。一般认为，狮子选择群居，是为了能够圈定有利的场所（例如河流的汇流地点）作为其栖息之地，从而保证全年能够获得充足的水源和食物。

狮子群由一只雄狮、多只母狮以及两岁以下的幼狮们组成，几乎所有的工作均由母狮承担。

那么，雄狮在做什么呢？母狮捕获来的猎物，它第一个享用。其他的时间，大多是在树荫下悠闲地消磨时间。其睡眠时间，竟达到每天二十个小时。

为什么会这样呢？其实由于狮子的狩猎成功率较低，并不是每天都能够指望有足够的食物，因此雄狮平时尽量节约能量（动物园为了不让狮子进食过多，会设置绝食日进行调节）。

看似悠闲自在的雄狮的生活，其中也有辛劳之处。

雄狮长大之后，便会被赶出成长的群（"自豪"），成为被逐之身，单独或者与数只兄弟雄狮一起，依靠自身力量获取猎物。

由于本来就不善狩猎，并且经验不足，不少幼狮最终因饥饿而丧生。

为了获得属于自己的群，必须战胜其他雄狮，但是要夺取一个现有的群并非易事。

对手狮王当然会全力以赴保护自己的群，群中的母狮们也担心自己的孩子会被杀害，因此会全力阻止狮王替换。

即使有幸战胜了狮王，也并不代表就此取得了狮群的主导权，还必须获得群中母狮们的评价、认可才能为王。因此，新来的雄狮不得不察言观色，想方设法讨母狮们的欢心。最终的决定权还是在母狮们手中。

母狮评价雄狮的主要标准，当然还是外表。毛色浓郁，拥有蓬松的鬃毛的雄狮往往最具人气。鬃毛不但可以起到保护身体关键部位——喉部的作用，而且鬃毛的颜色与雄性激素有关，因此鬃毛是显示雄狮强健程度的标志。

但是，即使克服这重重困难最终成为一群之主，也并不等于就可以高枕无忧。如果在与其他雄狮的决斗中败下阵来，一群之主的地位就会被剥夺，群中自己的孩子也会遭到被残杀的命运。狮子的全盛期十分短暂，一般来说，能够维持一群之主的时期为三至四年。

对雄狮来说，没有永久的安住之地。

但即便如此，为了维持"百兽之王"的尊严，它必须战斗不息。放弃战斗，就意味着死亡，这就是热带草原的自然法则。

Lion

狮子
冷知识

由于抚养幼狮等服务的出现，狮子数量容易过剩，因此购入一只幼狮仅需几万至 30 万日元（约合人民币 1.9 万元），而饲养的初期投入费用需要大约 2500 万日元（约合人民币 160 万元）。

狮子吃了猕猴桃，会酩酊大醉。

雄狮并不是完全不狩猎，只是因为身体庞大，不善奔跑。

雄狮的主要工作，是保护自己的群不被其他的雄狮夺走。

鬃毛的数量单位是"丛"。

狮子通过食用草食性动物的内脏来摄取膳食纤维。

大熊猫

过于执着等于自取灭亡

大熊猫的启示

大熊猫

食肉目熊科
体长 1.2～1.8 米
主要栖息地：
中国的四川省、陕西省等

人总是有一些无法妥协的东西。

从结婚对象到啤酒的品牌，每个人各有不同。

这些无法妥协的东西，我们称之为『面子』或『挑剔』。

精挑细选的食材
匠人的技术
传统的味道

动物界中最为挑剔的，

当数大熊猫。

野生的大熊猫只有1800只左右。

它们之所以濒临绝种，原因之一，就是选择异性时过于挑剔。

在动物界，一般来说雄性相斗，胜者将获得与雌性交配的权利。

但是大熊猫却不是这样。

即使是获胜的雄性熊猫，如果雌性熊猫不喜欢其长相或性格，仍可能被拒绝。

不仅如此，获胜的雄性熊猫还有可能会被认为是「夺人所爱」而受到攻击。

因此，其他国家的动物园为了让大熊猫相亲，必须特地从中国另租一只，跋山涉水地过来。

此外，造成大熊猫濒临绝种的另一个原因，是食物问题。

竹叶是大熊猫的主食，大约占到99%的比例。

但是，实际上大熊猫是熊科动物，其消化器官是典型的肉食动物型。

200万年以来，大熊猫虽然一直食用竹叶，

但实际上，其消化器官至今尚未习惯草食。

因此，食用的竹叶几乎都被原样排出，而且每月一次，为了彻底更换肠内环境，必须排出『黏膜块』，

每次都不得不忍受剧痛。

竹子还有一种特性，即每隔几十年，便会有一次大批量开花并枯萎。

上一次竹叶枯萎时，便造成了大量大熊猫饥饿而死的现象。

挑剔，当然不是坏事，

但如果"过于偏执"，便可能自取灭亡。

还没好吗?!

很多时候，竹叶般的柔韧和弹性才是人生必不可少的。

大熊猫的生存战略

————

    虽说大熊猫选择异性时十分挑剔，但实际上，其中也有稀有的繁殖能力特别旺盛的雄性熊猫。和歌山冒险世界乐园中的永明，据说是"世界上屈指可数"的拥有旺盛繁殖能力的大熊猫之一。

    即使在大熊猫的故乡中国，也几乎都是依靠人工授精，而永明却拥有两位妻子和 13 位子女。2016 年 10 月，永明已年届 24 岁，按照人类的年龄换算已经超过了 60 岁，但直至 2014 年，永明还生育了双胞胎姐妹樱浜和桃浜。

    令人惊异的是，大熊猫的发情期与人类不同，一年之中仅有几天。而永明则非常善于抓住雌性熊猫的发情期，主动示爱，并且其温柔憨厚的性格据说也十分能够博得异性的欢心。

    永明对雌性熊猫的类型并不挑剔，但是对食物则十分讲究，对竹叶饲料总是会仔细确认其香味，然后从大量的竹叶中挑选出一部分中意的竹叶食用。对于带有废气气味的大都市产的竹叶，则绝对不会动心。因此，和歌山冒险世界乐园需要特地从大阪岸和田的山中或兵库县的丹波篠山订购竹叶来供其食用。

人类钟爱的大熊猫，之所以如此受宠，主要有两个原因。

第一，是其憨态可掬的姿态。熊猫宝宝一般都具有脸圆圆，眼睛圆圆，脸部五官呈下垂状，手脚较短等特征，称为"婴儿特征"。让成年人觉得可爱，并愿意保护自己，这是一种生存战略。而大熊猫即使长大之后，脸部和身体的比例几乎与幼时没有区别。

还有一个原因，是其动作特征。人类往往有一种倾向，即对于与自身相似的事物会觉得可爱，而大熊猫的动作就与人类十分接近。比如，大多数动物都是用臀部坐在地上，而大熊猫则不同，是用腰部坐在地上。这种姿态看起来就好似"在房间内休憩的大爷"（大熊猫的臀部有味腺，用于做记号，而平时为了藏身，往往用尾巴遮住臀部而用腰部支撑坐姿）。

虽然生存艰难，但仍然招人怜爱，这就是大熊猫。希望大熊猫不要灭绝，让我们今后还能够一直见到其可爱的憨态。

Panda

大熊猫
冷知识

善于爬树，但是并不善于下树，所以总是容易中途坠落。

最早把大熊猫介绍到日本的是黑柳彻子（《窗边的小豆豆》的作者）。

有专门的视频教材，对大熊猫进行性教育。

大熊猫的租赁费是每年 1 亿日元（合人民币 600 多万元）。

五官清晰、圆耳圆脸的熊猫被认为是"美人"。

中国大熊猫保护基地的饲养员必须穿着专门照顾大熊猫的连体衣工作。

猫

我是我，别人是别人

猫 的 启 示

家猫

食肉目猫科
体长 0.3～0.5 米
主要栖息地：
世界各地

善于察言观色，总是笑容可掬的人，我们通常称为『八方美人』。

但是，想使自己人见人爱，结果却往往适得其反，这也是常有的事。

那么，该怎么办呢？

让我们来看看与人关系甚密的动物——猫是如何做到的。

猫作为宠物被饲养的历史，可追溯到 5000 多年以前的埃及。

还有一种说法，是 9500 年以前的塞浦路斯。

据说，全世界猫的饲养数量远远超过狗，达到 6 亿多只，

可谓是名副其实的宠物之王。

猫集人类的万千宠爱于一身，但并不意味着其对人百依百顺。

虽然受人饲养，但它还是偷偷追求着自己原有的那份野性。

比如，猫总盯着你的眼睛看。这种讨人喜欢的表情，往往让饲主无法招架。

此时，猫在想些什么呢？

它在想……「我一定能够赢他。」

如果猫断定对方是『无法战胜』的对手，它会立即服输并避开对方的视线。

这样做，是为了避免发展为与对手的一场争斗。

此外，猫来到饲主的脚边用身体进行磨蹭的行动，也并不是为了撒娇，而是为了让饲主身上带上自己的味道。

其实，它这么做也正是在向饲主表示：『你也在我的控制范围之中。』

并且，猫把捕获的猎物拿到饲主面前，是为了显示自己的『游刃有余』。

向没有捕获猎物能力的饲主分享成果，并炫耀『要不要教你怎么抓取猎物啊』。

猫在临死之前往往会藏匿行踪，

这是为了防止对手来袭击虚弱而无还击能力的自己。

一度走失的猫再次回家，是因为经过到处寻觅，结果却发现，最能让自己安心的还是自己的家。

天生便是我行我素的乖张性格，

但是偏偏讨人喜爱，让人讨厌不了，反而爱得不行。

而且最重要的是，猫绝不会为了讨人喜爱而委屈自己，能够始终坚持自己的风格。

满足于「做我自己」，这就是猫吧。

猫的"人类观"

————

　　狗已被人类按照自身的需求，改良为猎犬、搬运犬、宠物犬及斗犬等各种类型，而猫则大多仅用于观赏，充其量是被养来捕捉老鼠的，所以其品种改良远不及狗那么多。不同品种之间的差异，也无非是毛的长短及毛色不同，或尾巴的形状有所不同。

　　比如，不同品种的狗的大小差别很大，吉娃娃犬为 1～3 千克，爱尔兰猎狼犬则达到 55 千克。但不同品种的猫的大小就不会有那么大的差异。

　　家猫中体形大的品种之一 ——缅因猫的雄猫，其成年猫的体重为 6～8 千克，差不多等同于柴犬的大小。

　　那么，再来看看自然界的例子。

　　猫科的动物往往比犬科的动物大得多。犬科的狼，最大也仅有 105 千克左右，而《吉尼斯世界纪录大全》中记载的世界上最大的猫科动物，即狮子与老虎的杂交品种狮虎兽的体重竟然达到418千克。

　　人类特意不培育巨大的猫，是因为现有的猫的大小是人类能够安全饲养的最大限度。

　　实际上，猫的身上留有浓厚的野生动物本能，可以说是小小的猛兽。比如使用于斗犬的狗，由于其斗争力强，力量巨大，很有可能引起事故。如果猫也同样巨大化的话，其引起的事故会远远超过狗类。

　　即便如此，现在我们所饲养的猫也并没有把人类当作猎物看待。那么，在猫看来，人类是什么样的存在呢？

　　对群居生活的狗来说，它们把饲主看作群的领头也就是主人，并遵守其指示。也就是说，它们能够认识到人类是与自己不一样的动物。实际上，狗之间嬉戏时和与人嬉戏时，其行动特征是不同的。

　　但是在猫看来，饲主便是"由于某种原因巨大化的不聪明的猫"，是由于某种偶然原因住在同一个屋檐下的朋友。

　　比如，有时候猫会一边嬉戏一边咬饲主，这是猫经常用于招呼兄弟等年龄相近的同伴进行吵架游戏的信号。这种时候，如果饲主下意识地进行反抗，就是表示"赞同"之意，猫会变本加厉地同饲主嬉戏。

　　所以，猫并无法认识到饲主的地位与自身有什么不同。或许在它们看来，饲主是给自己食物、与自己一起游戏、情投意合的伙伴，是虽然身体很大但动作迟钝的"猫"。

但是，并不是说人类和猫之间就无法建立信赖关系。猫会来舔饲主的脸和手，会用前爪来踩主人的肚子，当主人回家时会主动迎接等，所有这些行动都是猫在以自己的方式向饲主表明爱。

也许，这就是猫让人类爱得欲罢不能的原因吧。

Cat

猫
冷知识

装在门上的供猫专用的小门，是牛顿发明的。

我们把不擅长吃热的食物的人称为"猫舌头"，但实际上猫是以鼻子感受温度的。

据说饲养猫可减少高血压、心脏麻痹、脑中风以及骨折等发生的危险。

阿拉斯加有一只猫，已经担任市长约 15 年。

为了对抗爱猫的埃及军队，波斯军队使用了带有猫图案的盾牌，结果大获全胜。

长颈鹿

人不可貌相

长 颈 鹿 的 启 示

长颈鹿

偶蹄目长颈鹿科
身高 6～8 米
主要栖息地：
非洲（热带草原）

人往往是根据对方的外表来判断他人，

但有时也不尽然。

看似凶巴巴的人，有时候可能出人意料地和蔼可亲，

而看上去老实巴交的人，有时却具有凶残的本性。

如果仅仅因为外表而小看了别人，有时候可能带来严重的后果。

长颈鹿是我们每个人都知道的动物，几乎没人不认识它。

长长的脖子、长长的腿，

大大的眼睛嵌在长长的睫毛下。

长颈鹿不紧不慢的可爱模样，俨然就是和平的象征。

长颈鹿其实是数一数二的凶猛动物。

但是，在非洲当地，

哪怕是遭到狮子的袭击，也会用尽全力，把狮子踢得远远的，力气之大，有时足以把狮子的头盖骨踢碎。

如果不是十几只狮子同时进攻，

是无法把长颈鹿捕获的。

长颈鹿之间发生打斗时，长长的脖子便成了相互攻击的武器。

其力量之大，足以让败下阵来的长颈鹿的脖子造成骨折。

有时也会用它长长的舌头，捕获鸟类等小动物为食。

长颈鹿基本以树上的叶子为食，

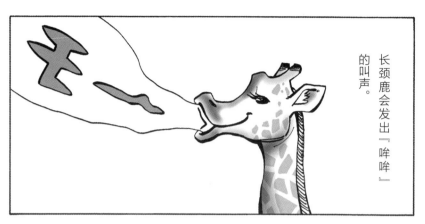

长颈鹿会发出『哞哞』的叫声。

所以说，外表只能代表人的部分特征，

放远眼光，认清本质，

也许才是最重要的。

野生是可以控制的吗？

———

从法律上讲，长颈鹿是日本能够个人饲养的最大的动物。但实际上，个人要饲养长颈鹿是非常困难的。

首先，购买长颈鹿的主要渠道是进口。由于需要通过检疫，防止口蹄疫（传染病）的发生，无法直接从非洲进口。因此，主要的进口渠道是欧洲或美洲。

价格方面，购买一只长颈鹿需要 300 万～1000 万日元（约合人民币 19 万～64 万元）。也就是说，就相当于一辆家用车的价格，并不是完全高不可攀的［近来作为宠物人气见长的狐狸及耳廓狐等小型动物的价格为 100 万日元（约合人民币 6.4 万元）左右，相比之下长颈鹿可以说是价格比较适宜的］。

但是，每天的饲料费大约需要 3000 日元（约合人民币 190 元），也就是说每年需要 100 万日元（约合人民币 6.4 万元）左右。最大的问题当然还是其高达 7 米左右的身高，光是饲养的小屋，就需要建造到两层楼左右的高度（如果没有小屋，由于长颈鹿身高太高，有时会成为避雷针遭到雷电直击）。

此外，长颈鹿的寿命也很长，一般能达到 25～30 年，因此需要两代人来饲养。如果不想好这一点，饲养长颈鹿是非常困难的。

最重要的是，长颈鹿未经过品种改良，是完全的野生动物，因此其性格并不适于作为宠物来饲养。其性格多疑、神经质，但同时又充满好奇心，十分难以把握。

据说，即使是每天看护的动物园饲养员，要接近长颈鹿也需要花费两年左右的时间，而且令人头疼的是，即便是同一名饲养员，发型或服装稍有变化也会引起长颈鹿的戒心。虽然时间长了能够习惯，但也不会像狗或猫那样与人亲昵。长颈鹿还有一种习性，便是对于视线高于自己的对手会产生对抗心理，因此如果饲主表现出居高临下的态度会让其产生反感。

综上所述，长颈鹿虽然外表看似温驯，实际上却是一种人类难以对付的动物。要把野生动物置于我们的控制之下，这一点远比人们所想象的困难得多，需要克服各种障碍。

即便如此，如果还是有人希望饲养与长颈鹿类似的动物，推荐可以试试山羊。

山羊与长颈鹿同属偶蹄目，在同类动物中其体积较小，最为容易饲养。与长颈鹿最接近的动物是霍加皮（也写作霍加狓），但是霍加皮是世界三大珍兽之一，受《濒危野生动植物种国际贸易公约》的保护，因此个人无法饲养。

　　除了长颈鹿与霍加皮，世界上还有许多"未被人类当作宠物饲养"的动物。这些动物为何不宜于作为宠物，当然都是各有其因的。

Giraffe

长颈鹿
冷知识

由于血统非常重要，因此便宜的长颈鹿大概一只仅 350 万日元（约合人民币 22 万元）即可购得。

在日本国内，长颈鹿是个人所能够饲养的最大的哺乳类动物。

长颈鹿的睡眠时间为每次 20 分钟，其中完全入睡的时间为 1～2 分钟。

长颈鹿有 5 个角。

长颈鹿的血压为人的 2 倍，其独特的血压系统被应用于宇航服中。

根据研究成果，长颈鹿虽然长相相同，但实际可分为 9 个品种，其遗传性差异就相当于狗熊与北极熊之间的区别。

在长颈鹿的群体中，有一个群体专门负责育儿工作。

八成左右的雄性长颈鹿会互相进行交配行为。

蜜蜂

驾驭你的生意，否则它将驾驭你！

蜜 蜂 的 启 示

西方蜜蜂

膜翅目蜜蜂科
体长（蜂王）15～20 毫米
主要栖息地：
世界各地

人不工作就无法生存，

关于工作的方式，

但是工作并不全是快乐的事情。

蜜蜂给了我们一些启示。

蜜蜂构建了阶层化的社会，

过着与人类社会相似的集体生活。

工蜂们分担着各种工作，

包括照顾幼虫、修理维护蜂巢以及自卫等。

最具代表性的工作——采集主食（花蜜）当然也包括在其中。

负责采集食物的蜜蜂把采集来的蜜，

交给巢房中负责储存食物的蜜蜂。

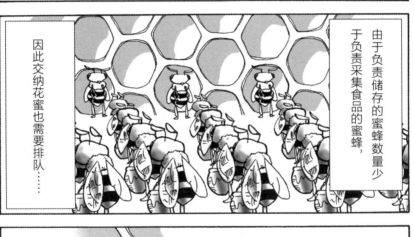

由于负责储存食品的蜜蜂数量少于负责采集食品的蜜蜂，

因此交纳花蜜也需要排队……

但是也有的蜜蜂会被后来的蜜蜂插队，

因此总是轮不到它。

为什么会这样呢？因为负责储存的蜜蜂并不是按照先来后到的顺序，而是优先接受优质的花蜜。

也就是说，如果某只蜜蜂采集来的花蜜质量较差，成分较稀，那么它只能接受被后来者插队的事实，老老实实地等着再轮到自己。

但是，工作能力强的蜜蜂会不断地被指派新的工作，因此寿命极为短暂。

不努力就没有工作，

而老老实实工作也会让自己减寿。

那么，究竟该把时间用在哪里，如何使用呢？

能否量力而行、酌量工作，

决定了你的苦乐程度，这也许就是人生吧。

所谓各尽所能

——

在蜜蜂的世界，工蜂实际上都是雌蜂。它们的工作种类很多，例如营巢（制巢）、照顾幼虫及蜂王、采集食品、建立兵队等等。

蜂群中并不是没有雄蜂存在。一个蜂巢中居住着 1 只蜂王、500～1500 只雄蜂，而工蜂（雌蜂）的数量则达到 1 万～15 万只。

那么，雄蜂是为何而存在的呢？原来，它们的工作就是进行交配。当新的蜂王从蜂巢中飞出时，雄蜂们会追赶其后并进行交配。

看起来也许很轻松，但实际上等待雄蜂的将是悲惨的命运。

能够和蜂王交配的雄蜂只有极少一部分。1 只蜂王仅这一次接受的精子便可满足其一生排卵所需的数量。因此，只有具有能力，捷足先登攀上新蜂王的雄蜂，才有资格把精子授予蜂王，而未能交配成功的雄蜂则只有回到老巢。但是，返回的雄蜂又会被工蜂赶出巢来。有些雄蜂为了不被赶出，会竭尽全力抓住蜂巢的边缘，但结果都是活活饿死的命运。

那么，交配成功的雄蜂命运又会如何呢？事实上，等待它们的也并不是幸福的晚年。在交配的瞬间，雄蜂的生殖器会立即破裂，精巢完全进入新蜂王的体内，雄蜂因此猝死。蜜蜂的社会完全以女王为中心，不论是工蜂还是雄蜂，都面临着残酷的生存环境。

与此同时，交配成功的蜂王会产下即将成为新一代女王的蜂卵。新的女王将被安置于名为"王台"的特制的巢穴中，每天食用营养价值极高的蜂王浆，直至成虫（一般的工蜂仅出生后 1～3 天能够享用）。因此，蜂王的身体大小能达到工蜂的 2～3 倍，寿命则达到工蜂的 30～40 倍。

那么，如果蜂王在产出下一代女王之前突然死亡，又会如何呢？

在已有工蜂的卵或年轻幼虫的情况下，蜜蜂们会临时迅速搭建"变性王台"，将工蜂作为蜂王来进行培育。而在没有现成的卵或幼虫的情况下，成虫工蜂的生殖器将迅速生长并开始产卵。然而，未经过交配的工蜂只能产下无精卵，因此孵化蜂卵便成了雄蜂的工作。这样的蜂巢将逐渐衰落，直至消失。

蜜蜂以这种方式生存，是因为它们采用的是叫作"单倍二倍性"的遗传因子保留方式。

与人类不同，对工蜂来说，与其自身产卵，还不如让母亲即蜂王来产卵，这样才能够将更多的自身遗传基因信息传递给下一代。

此外，工蜂之间互相帮助，还能够大大提高幼虫的生存概率。

在蜜蜂的社会，个体意识被完全无视，但其各自在集团中的作用以及作为组织的统率能力可以说胜于任何国家或组织。

当你再次看到蜜蜂时，请思考一下它们所背负的职责吧。

Honey bee

蜜蜂
冷知识

蜜蜂尽其一生所采集的蜂蜜大约只有 1 汤勺左右。

蜜蜂的眼睛中长着毛，是为了防止花粉进入。

当天敌黄蜂侵入蜂巢时，所有的蜜蜂都会一起扇动翅膀，用热气将黄蜂蒸死。

繁忙期时，蜜蜂每天的工作时间为 6 小时，可以算是白领。

蜜蜂中也有从早到晚辛勤工作的勤劳蜜蜂和很晚才开始工作的懒惰蜜蜂。

蜂王的寿命为工蜂的 30～40 倍，身体大小为 2～3 倍，但蜂王本来也是普通的幼虫。只有喝蜂王浆长大的幼虫，才能获得成为蜂王的资格。

裸鼹鼠

骄者必败

裸 鼹 鼠 的 启 示

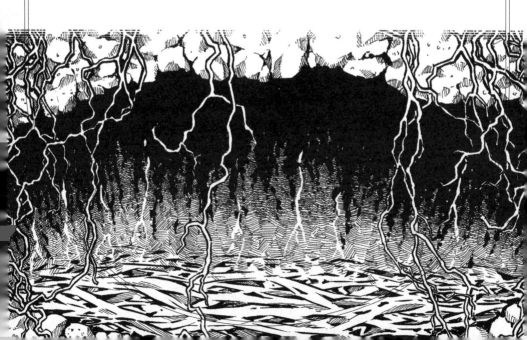

裸鼹鼠

啮齿目滨鼠科
体长 8～10 厘米
主要栖息地：
埃塞俄比亚、肯尼亚等

祇园精舍钟声响，
诉说世事本无常。

沙罗双树花失色，
盛者必衰若沧桑。

这是《平家物语》中的
一段，意思是说，

世间之物瞬息万变，
再有权有势的人，也不
可能保持常胜。

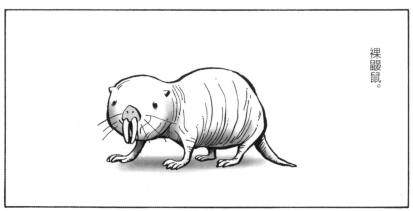

裸鼹鼠。

这种鼠类动物正如其名，全身无毛，呈粉色，长长的前牙从口中凸出，伸在口外。

裸鼹鼠与蜜蜂或蚂蚁等昆虫相同，生活在具有"真社会性"的群体中。

它们在地下的洞穴犹如蚁窝一般，用众多的房间把各处通道连成四通八达的网络。

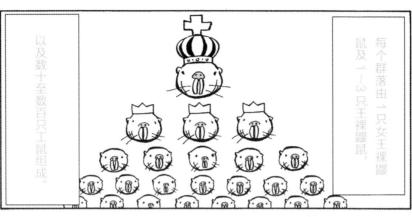

每个群落由一只女王裸鼹鼠及1～3只王裸鼹鼠，以及数十至数百只工鼠组成。

群落的实权由女王裸鼹鼠完全掌握，王裸鼹鼠则总是被强制要求进行交配，瘦骨嶙峋。

但是与蜜蜂或蚂蚁的世界不同的是，裸鼹鼠的世界中会发生下克上的反叛现象。

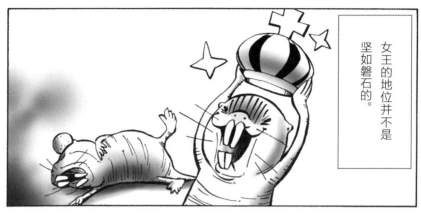

女王的地位并不是坚如磐石的。

因此，女王裸鼹鼠往往在被赶下台之前为所欲为，对其他裸鼹鼠极尽攻击之势，以显示自身的力量。

并且，为了防止其他裸鼹鼠发起叛乱，还必须不停地监视着巢穴。

身居要职不断努力工作，并不是件容易的事。

重要的是获得要职之后该如何行动。

是畏于压力及恐惧，虚张声势，作威作福？

还是悟透世间之道，审时度势，不忘初心，始终保持谦虚的态度？

如果像裸鼹鼠女王那样，总是忌惮自己周围的人并伺机攻击的话，到头来只能落得个身心疲惫的下场。

不劳者的存在意义

————

　　群体成员相互分担工作，仅由一只女王留下后代，在昆虫中主要有蚂蚁、蜜蜂、白蚁等，采用这种被称为"真社会性"的生存方式，而在哺乳类动物中仅裸鼹鼠及达马拉兰鼹鼠两种。

　　在"真社会性"的群体中，女王以外的雌体是无法怀孕的。这是因为昆虫女王会发出一种信息素，而裸鼹鼠女王的尿液中也含有信息素，能够以此来抑制其他雌性的生殖能力。

　　虽然有如此决定性的不同，但其实昆虫的"真社会性"与我们人类社会存在着很多共同点。其中之一便是，群体之中必然有"勤劳工作的"和"懒惰的"之分。

　　比如说蚂蚁的群体中，勤劳工作的蚂蚁与偷懒的蚂蚁的比例大概是 2∶8。如果更进一步细分，非常勤劳的蚂蚁、比较勤劳的蚂蚁以及偷懒的蚂蚁的比例大概为 2∶6∶2。

从人类的角度来考虑，懒惰者便是"吃白饭的"。大部分人会觉得，这样的人必须解雇并驱除，才能提高整体的工作效率，但实际上并非如此。如果所有的蚂蚁均付出同等劳动的话，这个群体的寿命就会缩短。有可能会在同样的时间，造成所有的蚂蚁过劳死。如果不能保证有个体能够存活下来，便有可能导致整个群体的毁灭。

事实上，让人不可思议的是，即使把偷懒的蚂蚁集中在一起，其中自然而然也会出现一些蚂蚁逐渐开始劳动，最后大致达到并保持同样的比例。

关于这一点，有一项针对达马拉兰鼹鼠的研究非常有趣。

在达马拉兰鼹鼠的群体中，也有一个不参加劳动的群体。勤劳的群体承担了 95% 的工作，而懒惰的群体几乎是不劳而获、饭来张口的状态。因此，它们比劳动的群体要肥胖许多。

有一种说法是，这些不参加劳动的鼹鼠并不是勤劳工作的鼹鼠疲劳时的后备力量（交替人员），实际上它们肩负着另一项重要的工作，即"繁殖"。

鼹鼠平时在地面挖土做巢，对它们来说，下雨时泥土变软，是扩大巢穴的绝好机会。此时，女王鼹鼠与懒惰群体鼹鼠的代谢量会迅速上升（而劳动群体的鼹鼠则没有这种倾向）。

雌性鼹鼠是由于女王的尿液而被抑制了生殖能力，而只要离开女王便能够恢复生殖能力，也就是说，不参加劳动的群体可以另建一个新的群体。也可以认为，不参加劳动的群体正是为此而存在的。

但是，也存在例外的情况。例如在蚂蚁的群体中，也有不存在女王，而由工蚁产卵的品种。其中甚至还有"无论发生什么都绝不劳动的蚂蚁"。如果这样完全自由散漫的蚂蚁增加过多，群体则会渐渐无法维持。

　　按照自然界的法则，只要形成了一个组织，就必然会产生懒惰者。对于这部分人的存在，应该赋予怎样的意义，如何发挥其作用，需要人们睿智地来进行思考。

Naked mole rat

裸鼹鼠
冷知识

几乎不会患上癌症。

有一项专门"捂被子"的分工，负责为幼鼠取暖。

当有蛇等外敌来袭时，有一只裸鼹鼠会主动自我牺牲，争取时间让其他同伴把洞口埋上。

裸鼹鼠的龅牙突破嘴唇长出口外，因此用牙齿挖掘泥土时，泥土也不会进入口中。

裸鼹鼠在啮齿类动物中是罕见的寿星，在人工饲养的情况下可存活 40 年。

海獭

过犹不及

海 獭 的 启 示

海獭

食肉目鼬科
体长 1.3～1.5 米
主要栖息地：
北太平洋的寒冷海域、
阿拉斯加沿岸等

希望得到比别人更好的东西。

希望比别人活跃并得到认可。

是人类生存的原动力之一。

这样的愿望,

北海的偶像——海獭。

据说，海獭是除灵长类以外唯一能够使用工具的哺乳类动物，它们能够把最爱吃的贝类放在肚子上，并使用平滑的石块，很灵巧地将其打开。

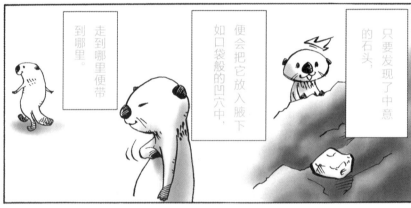

走到哪里便带到哪里。

便会把它放入腋下如口袋般的凹穴中，

只要发现了中意的石头，

这块石头，便是海獭最值得骄傲的宝贝。

它们会把这块心爱的石头高举至其他海獭的眼前，以示炫耀。

它们对石头的执着可谓达到极致，

如果不小心丢失了这块心爱的石头，

就会十分沮丧，甚至可以说是茶饭不思。

哪怕另外给它一块，它也会拒绝。

水族馆中的海獭也会高高地举起石头，敲打玻璃。

虽然玻璃并不会被敲碎，

但常年反复，也会产生不少细痕，导致玻璃透明度不佳无法看清。

把其他海洋生物的水槽与海獭的水槽稍做比较就会发现，只有海獭的水槽能见度特别差。

透过模模糊糊的水槽看到的海獭，总给人一种脏兮兮的印象。

所以说，过于炫耀自己的人，往往会被迷住了双眼，看不到周围的情况。

长久下去，周围的人也会慢慢离去。

水族馆的玻璃是可以替换的，而对一个人的评价则是无法随意替换的。

海獭告诉了我们这个重要的道理。

草食性的海獭们

──────

　　海獭进入日本的水族馆，是在 1980 年以后。其憨态可掬的形象，瞬时在日本掀起了一股海獭热潮。但是也许再过几年，在日本就再也见不到它们了。

　　在日本国内，最多的时候共饲养了 122 只海獭，而现在仅剩下 12 只。目前，除日本以外的国家几乎没有水族馆饲养海獭了，欧洲唯一饲养的一只也已于 2013 年离世。

　　究其原因，是海獭的毛皮需求造成的乱捕现象，并且由于其栖息地发生了输油管泄漏事故。目前海獭已被认定为濒临灭绝物种。此外，海獭在运输途中如果情绪过于兴奋，也会导致死亡，因此美国及俄罗斯等主要出口国均已停止了出口。因日本已无法进口新的海獭，只能期待其自身繁殖，然而日本的海獭大多已过了繁殖年龄，进入了高龄阶段。而且，我们在水族馆中所看到的海獭几乎都是生长在水族馆中，因此性格都偏于温厚。

野生的海獭本性激烈，在汹涌的海浪中会一边紧紧咬住雌性海獭的鼻子，一边保持体态进行交配。而水族馆中长大的海獭只要稍稍遭遇雌性海獭的抵抗便会立即放弃。

此外，水族馆一般会把幼年海獭与成年海獭隔离一段时间，一方面是为了避免水族馆中的幼年海獭遭到成年海獭的攻击，另一方面也是为了防止近亲交配。因此，这种做法也造成幼年海獭可能无法学习交配的方法。

还有一个问题便是海獭的饲料非常昂贵，其所需费用可能是水族馆动物中名列前三位的。一只海獭每年的饲料费用可能达到400万～500万日元（约合人民币26万～32万元）。由于不善游泳，海獭一般喜好食用容易捕获的海胆或鲍鱼等高级海产品（水族馆一般使用干贝等贝类或乌贼作为饲料）。

海獭是在寒冷海水中生存的动物，因此每天需要食用其体重的20%～30%的饲料来维持体温。育儿期间的海獭的食量更是达到平时的两倍左右。与其他海洋哺乳动物不同，海獭的皮下脂肪较少，因此如果不吃下大量的食物，可能很快便会冻死。

耐压能力差，嗜好高级食材，并且食量惊人。

海獭是如此令人怜惜。然而近年来的研究表明，海獭对保护生态环境具有重要的作用。在海獭锐减的地域，它的食物——海胆数量增加，由此造成海藻消失，并形成该海域的荒漠化，原本依靠海藻群维持生存的贝类及鱼类也随之减少。

　　很多动物濒临绝种的危机是由人类造成的，海獭便是其中之一。

　　趁着尚能在日本见到海獭一面，去水族馆看一看吧，同时也为高额的海獭饲料贡献一份薄力。

**海獭
冷知识**

海獭手掌中未长汗毛，所以特别怕冷，会用眼睛或嘴来暖手。

睡觉时为了不被水冲走，会用海藻把全身包裹起来，如果没有海藻时，就会与其他海獭手牵手一起入睡。

不善游泳，因此最喜爱海胆或贝类等高级食材。

每天吃的食物量达到体重的 20%～30%。

活跃于河流中的鼬鼠被称为水獭，活跃于大海中的被称为海獭。

全身长了约 8 亿根体毛，据说是体毛最多的动物。

以和为贵

水 豚 的 启 示

水豚

啮齿目豚鼠科
体长 100～130 厘米
主要栖息地：
南美洲（亚马孙河流域）

你有没有想过要成为大明星?

然而过度的被认可欲及自我显示欲,有时恰恰会成为纷争的起源。

所以究竟该如何满足这样的欲望呢?

水豚教会了我们其中的门道。

水豚是世界上最大的啮齿类动物，

由于其可爱的长相，近年来人气飙升。

水豚不但得到人类的喜爱，也得到其他动物的宠爱，

如果用一个词来表述它的性格，那就是"温厚"。

哪怕是被鸟儿骑在身上，或被猴子团团围住，也绝不生气。

哪怕和鳄鱼在一起，也能够和平相处。

有时候，甚至会出现其他动物争相要爬到水豚背上的情况。

遇到不愉快的情况，只有一种办法应付，

那就是赶快逃得远远的。

水豚最高时速达到50千米，

可以超过田径比赛项目的金牌运动员。

当然，水豚之间也同样相亲相爱。

具有血缘关系的雌水豚会共同承担起培养子女的工作，

水豚的宝宝可以从群体中任何一只雌水豚处得到哺乳。

不斤斤计较，

而且充满爱。

水豚的名字在栖息地语言中，

意为『草原的支配者』。

和任何人都能够建立

良好关系的人，

一定能够享受和平

温馨的人生。

高人气者的处世之道

————

　　水豚是世界上最大的啮齿类动物，从种类上来说接近天竺鼠。因为其头部较大，脸部表情总是懒懒的，有时也被称为"南美的河马"或"水猪"。

　　实际上，水豚与河马一样，一天中的大部分时间在水中度过，属半水生动物。水豚的眼睛和鼻子都集中在头的上部，它只要把脸稍稍伸出水面便可环视周围情况，并且能够呼吸。

　　水豚善于游泳，趾间带有蹼，甚至可在水中潜伏5分钟左右。正因如此，日本动物园中常有报道水豚喜爱泡温泉的趣闻。

　　在南美国家，水豚原来还被当作食物来食用，但目前很多国家均已禁止。在基督教的布教活动中，至复活节为止的时期为禁食红肉时期，但为了排除无法食用水豚的障碍，梵蒂冈还特意将生活在水中的水豚归为鱼类。据说，水豚肉味道近似猪肉。日本也曾试图进口水豚作为食用，但因肉质过硬，随即放弃了这一打算。

水豚原为野生动物，性格怯懦，但是由于容易与人亲近并易于饲养，很多动物园及水族馆开始饲养水豚，并且水豚也能够很快融入人类社会中。水豚一旦与人亲近，便会完全失去戒备之心。曾有一只水豚在道路中央，敞开无毛的腹部，朝天仰卧酣然入睡，一度成为热门话题。

里约热内卢奥运会时，高尔夫球赛场周围有猴子、鳄鱼、猫头鹰等各种动物生活着，比赛中也不时在周边出没，一时间成为引人关注的话题。其中最引人注目的，正是水豚（在原产地巴西，水豚数量很多，很多家庭将其作为宠物饲养）。

当时水豚突然出现于正在比赛的高尔夫球场中，一直大摇大摆地走到选手和裁判聚集的果岭边，然后似乎突然想到了什么，沿着原来的路一下子回去了。

当时在场的日本代表丸山茂树选手笑谈："水豚好像也会察言观色。"看来，能够敏锐地感受气氛，也是人气者不可或缺的素质之一。

顺便提一句，在那须动物园中住有名为"soluto"和"nori"的水豚母子。因其名字可爱，被日本卡乐比公司列为员工，并于 2016年 4 月成为正式员工。母子俩的工作态度认真，深得好评，并且还列席了新员工研修项目之一，即收获马铃薯的活动。

Capybara

水豚
冷知识

水豚的毛皮叫作 carpincho。

在委内瑞拉，水豚也可食用，麦当劳的汉堡包中也曾用过水豚肉做原料。

日本皇子秋筱宫家中曾经饲养过水豚。

水豚一般由母亲来承担照顾宝宝的工作。

如果将受到外敌袭击，成年水豚便会围在孩子们的周围，像盾牌一样保护它们前行。

水豚的日语名字叫作鬼天竺鼠。

大象

人非生而知之者

大 象 的 启 示

非洲象

长鼻目象科
体长 6～7.5 米
主要栖息地：
非洲（热带稀树草原）

但凡一流的人才，大抵具有特别的才能。

你可能有时会非常羡慕地想：

『如果我也有这样的才能该有多好……』

陆地上最大的动物——大象。

大象的脚要支撑巨大的头部和身体，因此无法自由行动。

据说，如果大象每次吃饭时都要弯曲膝盖的话，便可能会因为过度使用身体能量而造成过劳死。

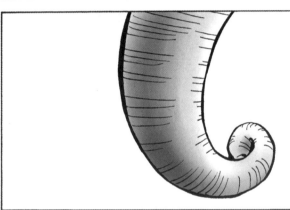

因此，大象使用它长长的鼻子来代替脚的功能。

当然了，冲浴和吃饭也是用的鼻子。

大象还会用鼻子与同伴进行交流，

还有的大象甚至会用鼻子拿笔作画。

但是，其实幼象是无法灵活使用鼻子的。

刚刚生下的幼象发现自己长着长长的鼻子，往往会感到不知所措。

它们会觉得鼻子多余，
用自己的脚踩踏鼻子，

或者不停甩动自己的鼻子，

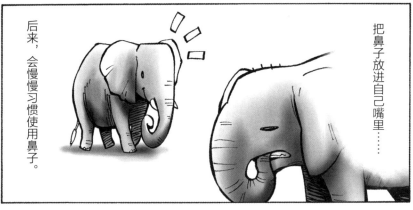

把鼻子放进自己嘴里……

后来，会慢慢习惯使用鼻子。

也通过父母或同伴的帮助，
逐渐掌握鼻子的用法。

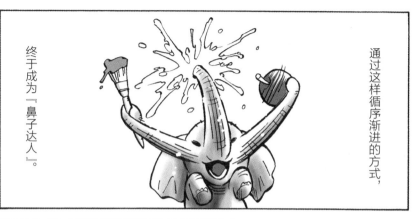

通过这样循序渐进的方式，

终于成为『鼻子达人』。

一流的运动员，也有蹒跚学步的时候。

获得诺贝尔奖的科学家，也是从简单的加法开始学起的。

所谓才能，并不是与生俱来的，

而是通过不断学习和钻研，不断进步，逐渐掌握的。

除了非凡的鼻子，还有非凡的耳朵

————

　　雌象的妊娠期为 21～23 个月，长达人类的两倍以上。并且幼象出生之后，还需要花费两年左右来培育，所以它们选择雄象时非常谨慎。

　　平时雄象和雌象分群生活，当雌象进入发情期时，尿液中会产生信息素，吸引雄象接近。此时，优秀的雄象便可捷足先登，优先获得接近雌象的机会。

　　雄象的发情期被称为"musth"，在此期间所分泌的雄性激素达到通常的 20 倍左右，会从太阳穴部位流出焦油般的液体，并不断流出尿液。雌象则会对此产生反应，并以此来选择雄象。其中有的雌象甚至可能会对其他雄象都毫无反应，仅对某一只"一见钟情"。

　　大象给人的印象是温和忠厚，但是一旦发了脾气，谁也无法制服，甚至曾经惊动过军队出动。过去发生过一起事件，一只雄象因无法得到中意的雌象的回应而爆发野性，踩毁房屋并残杀15 人。

　　大象平时非常理性，能够记住饲养员及公园工作人员的脸部和气味。如果确定对方是安全的，并且不会对自身产生危害，便会友好地接触对方，但是由于它身体巨大，一旦野性发作便往往一发不可收拾。

　　说到大象的特征，首先当然是它长长的鼻子，但实际上它的耳朵也是一大特征。非洲象的耳朵周边达到 300 厘米之长。长这么大的耳朵，是有其特殊理由的。

　　第一个目的，便是听到远处的声音。抛物线天线形的耳朵容易收集音源，甚至可以与 10 千米之外的大象进行交流。据说在印度洋海啸时，大象事先觉察到异常情况并集体转移到高处，成功避难。

　　第二个目的，是威吓敌人。成年大象的体长超过 3 米，除了持有武器的人类，谈不上有什么敌人，但有时候为了保护幼象也不得不进行争斗。但是，面对来袭的敌人，如果全力迎战会带来很大的体力消耗。在此种情况下，大象便会把巨大的耳朵张开，让自己的身体在对方眼中显得更大，以此起到威吓敌人使对方放弃的效果。

　　第三个目的，是调节体温。跟大象的体重相比，它的体表面积并不算大，因此体温调节能力偏低。大象的耳朵上有大量的血管，因此扇动大大的耳朵可以起到降低体温的作用，帮助其在气温高达 50 摄氏度的热带稀树草原中得以生存。

　　此外，大象身上的皮肤布满皱褶，也是为了增加体表面积帮助散热。大象常常被认为是陆地上最强大的动物，但其实抗热能力是比较弱的。

Elephant

大象
冷知识

非常聪慧，有的大象能够认识到死亡，甚至为同伴举行葬礼。

动物园的饲养员在大象面前时，无论面对地位多高的人也不使用敬语（如果大象觉察到上下关系的氛围，可能会对饲养员产生傲慢态度并带来危险后果）。

泰国和老挝把"白象"视作神灵，甚至用在国徽上（泰国在1910年启用了鹰面人身的神灵形象作为国徽，有白象的国徽是在暹罗王国时期使用的）。

由于饲养白象需要巨额的维持费，于是在英语中"white elephant"一词具有"倒添麻烦的好意"的含义（来自泰国民间故事，泰国国王曾经故意把白象作为礼物赠予敌方）。

大象的嗅觉灵敏度为狗的两倍。

8.245+6.807×（大象的身长）+7.03×（大象前足的直径），通过这一公式可求得大象的表面积（曾获搞笑诺贝尔奖）。

松鼠

有钱不用，等于没有

松 鼠 的 启 示

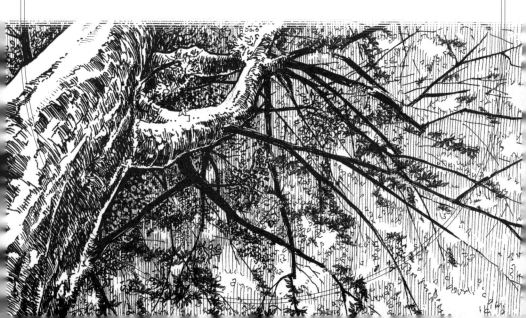

花栗鼠

啮齿目松鼠科
体长 13～16 厘米
主要栖息地：
亚洲北部、北美洲等

你的强项是什么？

能够发挥自身的才能并以此为武器的人往往是强者。

人生之中，

说起动物的武器，也许会让人联想到『狮爪』『鹰翅』『狼牙』等。

但是，

作为宠物也十分有人气的啮齿类松鼠呢？

松鼠最大的武器，便是它蓬松的大尾巴。

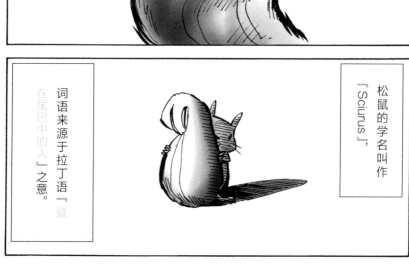

松鼠的学名叫作「Sciurus」，

词语来源于拉丁语『藏在尾巴中的人』之意。

正如其名，每当夏日日照强烈的时候，松鼠便会把自己的大尾巴当成遮阳伞，躲在下面乘凉。

而降雪地区的松鼠则会把尾巴当成雨伞，躲避严寒。

不仅如此，

当松鼠从高大的树木上纵身跳下时，

还会把尾巴当降落伞般张开，借助风力顺利地滑翔。

入睡的时候，将尾巴当成抱枕酣然入梦。

当蛇或鸟类等天敌来袭时，可以把尾巴竖起来威吓对方，

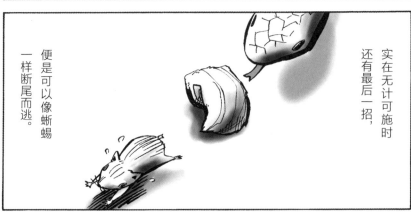

实在无计可施时还有最后一招，便是可以像蜥蜴一样断尾而逃。

每种生物都有自己的武器,

有的东西也许并不都是『大张旗鼓』的或『很酷』的。

但是,既然拥有了,便要把它当作自己的武器,

只有物尽其用,才能发挥出最大的优势。

"可爱"并不全是好事

————

　　从热带雨林、沙漠乃至北极圈，松鼠的同类几乎遍布世界各地。在中世纪的欧洲，松鼠腹部的白色毛皮部分被认为是最具有权力和财富的象征，受到王族和贵族们的青睐。

　　松鼠肉作为食用肉类也曾经受到人们的喜爱，英国及美国的部分地区至今仍食用松鼠肉（在许多文献中均可查阅到含有松鼠肉的菜单）。味道是介于羊肉与鸭肉之间的甜味，几乎没有野禽类特有的腥味，易于食用。

　　松鼠与人类的关系密切，在《西顿动物记》中便收录了关于松鼠的故事，名为《旗尾松鼠》。

　　这个故事的主人公——松鼠童年时失去了父母与兄弟，被人类捕获，本被当作猫的食物面临被食用的命运，但随后这只猫却将其抚养长大。

　　松鼠本属于鼠类，被猫抚养长大听起来似乎是很不可思议的梦话，但实际上，类似的由其他动物将松鼠喂养长大的事例，至今屡有报道。

　　被猫抚养长大的松鼠会误认为自己也是猫，会从喉咙中发出咕噜咕噜的声音，还会和其他小猫们嬉戏。从这类事例可以看出，可能对人类以外的其他动物来说，松鼠也同样是可爱的小动物。

　　由于松鼠实在太惹人喜爱，在美国，人们将其放置于公园中供人娱乐，结果松鼠的栖息地瞬时遍布美国全国各地。很多人因为觉得松鼠"太可爱"，老给松鼠喂食也是原因之一。因此，近年来出现一个新的问题，松鼠把院子翻个底朝天，或把家庭菜园搞得一片狼藉，反而被当作害兽，成为一个公众问题。

　　现在，欧美诸国把松鼠当作驱除对象进行捕杀处理。在苏格兰，为了保护本地的红松鼠，开展了对灰松鼠的驱除战，这是英国历史上最大规模的哺乳动物驱除计划。

　　不仅是松鼠，其他动物也发生过类似情况。本不属于当地品种的动物被带进该地区，导致数量过度增加，造成生态系统严重破坏，最终给这种动物本身也带来了灭顶之灾。

　　由此可见，如果不负责任地肆意发挥"可爱"的感情，也会造成悲惨的结果。

　　近来，日本也多有发生人工饲养的松鼠出逃，并在街市中出没的事例，请注意不要轻易给这些松鼠送上食物哦。

Squirrel

松鼠
冷知识

松鼠把坚果埋在土中，过后却经常忘了，坚果发芽，帮助实现了地球的绿化。

松鼠能够预测下一年即将结果的橡果数量，调整繁殖数量。

通过冬眠，松鼠的寿命能够延长至通常的 3 倍以上。

冬眠中的松鼠能够抵御零下 3 摄氏度的低温。

花栗鼠的颊囊拥有能够容纳 9 个杏仁的空间。

有些种类的松鼠还对响尾蛇毒素具有免疫力。

松鼠还喜爱食用菌类，特别是对松露孢子的飞散起到很大作用。

海豚

摈旧推新

海豚的启示

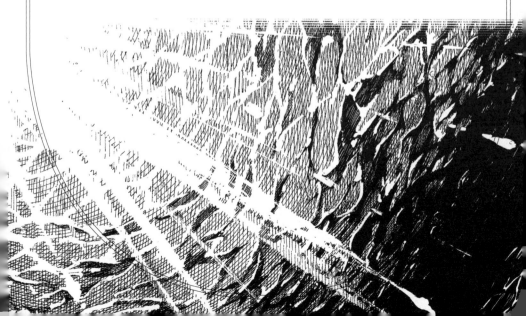

宽吻海豚

鲸目海豚科
体长 2～4 米
主要栖息地：
热带至温带海域

身为男人应当有个男人的样子……

身为女人应当有个女人的样子……

世间处处是「应该如此」的条条框框，

前人所打造的价值观与规则，有时也会让人不胜其烦。

* 应该应该应该应该应该应该应该

海豚。

在水族馆的海豚秀上，海豚可以轻松穿过空中挂着的圆环。

海豚一跃，最高可达8米。

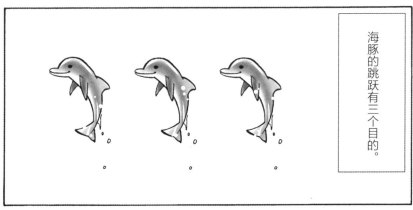

海豚的跳跃有三个目的。

第一，是为了求爱。

第二，是为了嬉戏。

第三，是为了甩脱陈旧的皮肤。

海豚的皮肤就像橡胶一样滑溜溜的，

令人惊讶的是，每两小时就会重生一次，海豚的皮肤

海豚一天中会跳跃多次，

以其冲击力甩脱旧皮肤和身上的寄生虫，从而保持皮肤的光滑。

这并不是为了美容。

而是为了在水中可以减少水的阻力，游得更快。

海豚似乎在告诉我们：

『飞得更高，

推旧推新。』

当心被束缚、心情不快之时，

就想想海豚那高高的一跃吧。

"欺负弱者"是生物的本能吗？

———

　　海豚是水族馆的大明星，周边商品等众多。关于海豚的保护活动也十分活跃，可谓人气十足。

　　看着海豚仿佛一直在微笑的嘴角和它听从训练员指挥时顺从的样子，你或许对海豚有着温驯的印象吧？

　　但是，海豚也有出人意料的一面。海豚智商很高，沟通能力强，因其救助人类性命的小故事而为人所知，但海豚其实也是一种让人意想不到的凶残的动物。

　　海豚的智商的确非常高，在海豚的脑内，大脑所占比例几乎与人脑相同。如果没有人类，海豚或许会成为地球的统治者。

　　但是，也许正是因为其超高的智商，海豚有时也会展现出异常残忍的一面。

　　在海豚感到压力或有不满情绪时，它便会欺负比自己小的海豚，用力撕咬小海豚直到留下伤痕，从精神层面压迫对方。

除了其他动物中也常见的一对一的欺凌，海豚还有成群结队欺负一只同伴的例子。

欺凌的理由不只是为了舒缓压力，还有"明确力量关系""寻求乐趣"等，但无论是出于何种原因，被欺负的海豚往往会逐渐消瘦、患上胃病等。据观察，还有年幼海豚被这样过分的"寻乐"所欺凌，受伤后被抛上岸边的例子。

此外，还有报道发现海豚为了达到自己的目的，会拉帮结派袭击其他海豚，甚至发展成血淋淋的恶斗。

特别是在狭小的水槽中，尤其容易发生欺凌现象。或许是因为海豚容易积累压力吧。人类也同样如此，在学校和公司等封闭的小社会中，欺凌现象也屡见不鲜。

有一种说法称这样的欺凌可以淘汰弱小，保护群体的安全，但并没有证据证明欺凌是行之有效的。

在同样高智商的灵长类中，有像黑猩猩这样与海豚和人类相似喜欢欺负弱小的动物，也有像大猩猩和倭黑猩猩那样性格温驯不喜欺凌的动物。

总而言之，高智商并不等于性格残暴。

从整个物种的角度来看，欺凌是减少同类个体、缺点巨大的行为。欺人之心，切不可起。

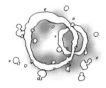

Dolphin

海豚
冷知识

据说海豚的智力仅次于人类。

居住于不同地区的海豚的叫声也有不同，互相之间无法沟通，但是也有部分海豚能够同时使用两种方言。

海豚依次使用半边大脑睡眠，因此可以一边游泳一边睡觉。

海豚也会因河豚毒而药物中毒（迷幻状态）。

在分娩过程中如果幼豚的头先出来便会溺死水中，所以所有的海豚都是倒生的。

海豚与鲸鱼（齿鲸）只是大小不同而已。

每一只宽吻海豚都有名字，海豚妈妈会用名字呼叫幼豚。

牛

朋友是最大的财富

牛 的 启 示

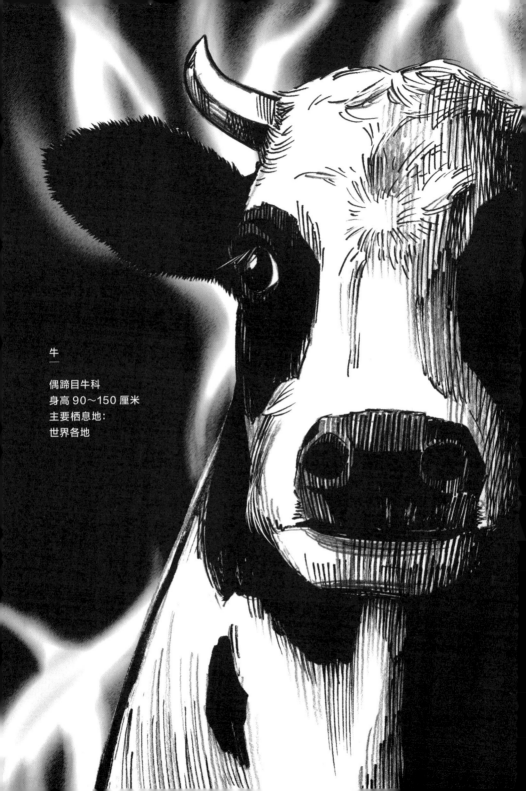

牛
—

偶蹄目牛科
身高 90～150 厘米
主要栖息地：
世界各地

生活中，你有『朋友』吧？

知心好友、忘年之交、亦敌亦友……

有各种各样的朋友。

在残酷的自然界，有着『朋友关系』的代表性动物，便是牛。

牛奶、黄油、奶酪、酸奶、牛肉、皮革制品……

牛是人类生活不可或缺的动物。

牛也是具有很高的社会性的动物。

成群行动，在领头牛以下，有明确的论资排辈规则，生活在"纵向社会"中。

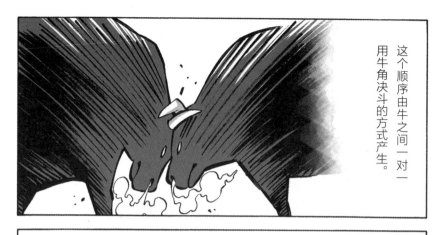

这个顺序由牛之间一对一用牛角决斗的方式产生。

在地位高的牛吃完食物之前，地位低的牛都不能动口。

但是，牛的『横向』关系也十分牢固。

在同一个群体中，牛有同性『挚友』。

不可思议的是，如果让牛与挚友分开，牛就会感到压力大增，彼此都会变弱。

相反，如果挚友就在自己的视线范围之内，奶牛产奶会更加顺利，牛奶的生产效率也会随之提高。

此外，据知在没有压力的环境中所饲养的肉牛，其肉质软嫩，味道也格外鲜美。

即使与周围没有深厚的关系，人类或许也能继续活下去。

但是，其他人的存在能让人生的体悟更加深刻、更加趣味横生。

互相磨合、互相抚慰，有好朋友，

便可以成长为更深得人生奥妙的人。

将人类文明推进 500 年的动物

———

　　牛常常成双结对地以偶数活动。如果只牧养一头牛，它可能会陷入恐慌，试图从牧场逃脱。而如果牧养 3 头等奇数头的牛群，则往往会有一头牛被孤立。

　　另外，牛的体形虽然庞大，却是食草性动物。因为野生的牛是被捕食的一方，所以牛的警惕性很高，大多性格谨慎怯懦。牛认为凡是高于自己视线的动物都比自己大，因此似乎也认为人类比自身更为庞大。但是，就像狗和猫一样，牛能从人类的行为与表情中明白人类并非敌人，因此有时也会亲近人类。

　　正如以上所述，牛主要作为一种畜牧动物，与人类关系匪浅，与人类文明有着深远的关系。奶牛和肉牛自不必说，牛还被运用在农业、运输、制造皮革等方面，支持着人类的衣食住行等全部生活。令人惊讶的是，据说早在新石器时代，牛就已经被驯化为家畜。古埃及文明与美索不达米亚文明等世界上影响深远的文明都是通过驾驭牛而筑造起来的。

可见，牛有着悠久的历史，有人说："如果没有牛，我们的文明恐怕要迟到500多年。"牛的形象被描绘在拉斯科洞穴、阿尔塔米拉洞窟等旧石器时代的洞窟壁画上。

与经常被当成轻蔑对象的猪不同，牛还被当成神的使者甚至神本身，受到人们崇拜。在非洲的哈马尔部落，有从牛上方反复穿行的成人仪式，牛也是马赛人最重要的财产，甚至行使着货币的功能。

在日本，牛肉已经是一种不可或缺的食材，但牛肉变成普通食材还是在距现在很近的明治时期。由于受神道与佛教的影响，忌讳不净与杀生，而且牛还是农业的好帮手，因此人们认为牛不能食用，禁止被当作肉类食用。另外，牛奶原本是高级食品，真正在普通家庭中得到普及，是从第二次世界大战以后学校的校餐里采用牛奶开始的。牛作为食用肉类的历史还十分短。

人们常说"睡前喝热牛奶有助睡眠"，但这种说法并没有科学依据。牛奶确实含有促进睡眠的成分，但即使喝完一盒牛奶也达不到所需的量（但是，牛奶似乎对小牛很有效，如果给幼牛喝牛奶，让它在安全的地方酣然入睡，母牛就能趁着这段时间进食或办一些别的事情）。

喝热牛奶有助睡眠，可能是因为人类也保留着婴儿时期喝奶后酣眠的记忆，因此认为睡前喝热牛奶这一行为本身就能唤起睡意。

最后，人们对牛往往有着安然酣睡的印象，但其实，牛是一种短时睡眠的生物。牛每天的睡眠时间约 1～1.5 小时。

Cattle

牛
冷知识

牛会吞下掉落的钉子等金属，因此人们让牛吞磁铁以防止伤胃。

斗牛时使用红布不是为了激怒牛，而是为了使观众兴奋。

即使是生长在国外的牛，只要在日本饲养 3 个月以上即可标识为日本国产牛。

牛最大的胃在左侧，为了不压迫左胃，牛会靠右侧而睡，因此牛的左半边身体更为美味。

牛鼻子上有像指纹一样可以识别个体的皱褶（鼻纹）。

曾发生过价值 600 万日元（约合人民币 38 万元）的牛的精子被盗事件。

Octopus

章鱼

疑邻盗斧，凭空猜疑

章鱼的启示

章鱼

头足纲章鱼科
体长约 60 厘米
主要栖息地：
热带及温带海域

在压力重重的现代社会，

许多人感到难以为生。

还有因压力太大而失去希望的人。

章鱼被称为「最聪明的无脊椎动物」。

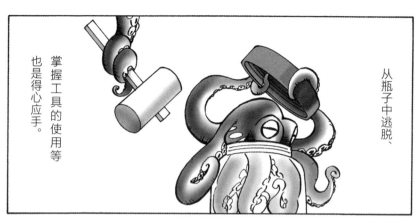

从瓶子中逃脱、

掌握工具的使用等也是得心应手。

还有一种说法称：『如果章鱼寿命够长，足以在海底建起一座城市。』

另外，章鱼在被袭击时，还可以通过扯断被抓住的腕而成功逃离。

而且，扯断后的腕还可以再生。

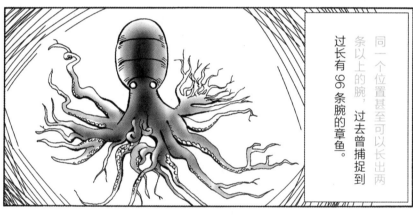

同一个位置甚至可以长出两条以上的腕，过去曾捕捉到过长有 96 条腕的章鱼。

尽管具备了这样高超的能力，章鱼却又十分敏感，是一种容易感受到压力的生物。

*烦烦烦烦烦

章鱼可能会因为『食物太少』『狭小的空间里挤了好几只章鱼』等环境压力，

吃掉自己的腕。

也许你会认为，『不过就是一两条腕而已』，但其实，被天敌吃掉的腕可以再生，

而因压力自己吃掉的腕是不会再生的。

虽然原因尚未明确，但与其说『自己吃掉的腕不会再生』，

不如准确地说『已经被逼到自残的章鱼，其吃掉的腕是不会再生的』。

这是因为，开始吃自己腕的章鱼在不久之后将衰弱至死。

从章鱼这种生态中，我们可以学到什么呢？

那就是，在把自己逼上绝路之前，应该先改变行动。

* 欢迎光临温泉街

与章鱼不同，人类不应该忘记自己是可以改变环境的。

多才多艺，多样进化

————

之前已经提到章鱼是一种容易感受到压力的生物，但是它们能够存活至今，自然也有着多种武器，并且多种多样。

首先是章鱼的代名词——墨汁。说到章鱼，人们立刻想起它在逃生时能够像忍者放出烟幕弹一般吐出墨汁隐藏自己的身体，但其实章鱼的墨汁除了障眼，还藏着其他的秘密。章鱼的墨汁含有使敌人嗅觉迟钝的麻醉成分，从而达到让敌人难以继续追踪的效果。

而在藏身方面，章鱼也有非同一般的习性。例如在海底捡椰子壳或两片贝壳，便能够打造简单的家并藏身于其中。

此外，章鱼还有被称为角质齿的口盘状的硬齿，并可用来咬碎爱吃的贝壳类。

而且，章鱼体内大多有毒。通常被摆在超市的章鱼也含有名为"酪胺"的毒素，一旦被咬，就会产生暂时难以缓解的疼痛。

章鱼中有名的毒章鱼——蓝环章鱼，它以河豚为食，因此含有河豚体内的"河豚毒素"。一旦被它咬，就会出现呼吸困难和麻痹等症状，还有可能死亡。过去只有小笠原群岛和西南群岛以南的太平洋能看到蓝环章鱼，但随着海水温度上升，蓝环章鱼的分布也逐渐扩大，九州、大阪湾、日本海附近也出现了捕获到蓝环章鱼的报道。

还有一点，章鱼的拟态能力也十分出色。它可以改变身体的颜色，巧妙地伪装成海底环境、岩石等。并且，还能够记住伪装的形状。

其中尤以拟态章鱼最为著名。拟态章鱼的英文名"Mimic Octopus"中的"Mimic"意为模仿，它可以模仿十种以上其他动物。其中虽有一些品相欠佳，但章鱼在模仿有毒的海蛇、海星等动物时近乎完美，即使是凑近细看也难以看出端倪。不仅仅是模仿身体的形状与颜色，章鱼还能惟妙惟肖地模仿其游动方式等。由此，章鱼的聪明可见一斑。

章鱼的厉害之处还远远不止于此。有一种叫作幽灵蛸的深海生物，据称可能是鱿鱼与章鱼的祖先。与鱿鱼一样，幽灵蛸有十条腕，但近年来有学说称该品种比起鱿鱼，更接近章鱼。幽灵蛸有能放射强光的发光器官，在可能遭遇袭击时，能够反复放射强光，使对方迷失方向（顺便一说，幽灵蛸的日文名为"蝙蝠章鱼"，原因在于幽灵蛸的腕与腕之间有一层薄膜，别名"吸血鬼鱿鱼"，但其实幽灵蛸以浮游生物为食，是一种无害的动物）。

正因为拥有因地制宜的多种特征，章鱼才能够存活至今。其进化过程可谓丰富多彩、多才多艺。

Octopus

章鱼
冷知识

章鱼有 3 个心脏。

吸盘排列整齐的是雄章鱼，不整齐的是雌章鱼。

雌章鱼体积比雄章鱼大。

章鱼的吸盘不会吸在自己的身体上。

就像章鱼吃掉自己的腕一样，公司吞并自有资本以分配股息的行为被称为"章鱼红利"。

可以用薤头钓到章鱼。

Honey Badger

蜜獾

以下犯上，不自量力

蜜獾的启示

蜜獾

食肉目鼬科
体长 60~100 厘米
主要栖息地:
西亚、南亚、非洲

常言道：「胳膊拧不过大腿。」

即使是心有不满，觉得『这样是不对的』，

也会不知不觉失去斗争的勇气。

蜜獾，作为『世界上最无畏的动物』，被载入《吉尼斯世界纪录大全》。

也许你会认为，蜜獾一定是一种又大又强的动物，

但其实，蜜獾是肩高 35 厘米左右的鼬科小型哺乳动物。

但是，即使是遇到狮子、水牛甚至人类，蜜獾也毫无恐惧，直面相对。

蜜獾有时还会捕食有毒的巨型眼镜蛇。

蜜獾的武器，是利爪与荆棘都无法刺透的厚实的后背，

和臭鼬一般的臭腺，

以及最重要的，

坚强不屈的性格。

劲敌当前也不胆怯地威吓对方，

而怯阵的对方往往会放弃袭击蜜獾的念头，悻然而去。

不仅如此，蜜獾有时还会主动袭击狮子，

抢夺狮子的猎物。

蜜獾还有装死来弄虚作假的智慧。

社会常常教人要『察言观色』『保持协调性』。

但是如果一味地这样做，人生就会充满压力。

不要过于小心翼翼，

神经大条地生活也未尝不可。

蜜獾的生存方式，给现代人带来了勇气。

互帮互助，"互利共生"

———

　　蜜獾看似不喜结群，多单独行动，给人一种性格强势、难以靠近的孤高战士的印象，但其实蜜獾是与某种生物互利共生的。

　　那就是一种叫作"响蜜䴕"的鸟。

　　响蜜䴕正如其名，能够告知蜜獾储藏有蜂蜜的蜂巢的位置。蜜獾和响蜜䴕都很喜欢吃蜂蜜与幼蜂。响蜜䴕大声鸣叫，引导蜜獾去蜂巢所在地，蜜獾则跟随响蜜䴕去破坏蜂巢。蜂巢被破坏后，响蜜䴕便可去享用蜂蜜。

　　力不从心的响蜜䴕即使好不容易发现了蜂巢，也无法破坏它。而蜜獾虽有破坏蜂巢之力，却苦于生活在陆地上，难以发现蜂巢之踪。因此，蜜獾与响蜜䴕为了获取蜂蜜而结成党羽。响蜜䴕体形很小（体长 10～20 厘米），只靠蜜獾吃剩的蜂蜜便足以果腹。响蜜䴕非常聪明，据说在非洲，它还能够告诉人类蜂蜜的藏处。

　　这种双方均可获益的共生方式被称为"互利共生"。在哺乳类动物中互利共生的例子十分罕见。互利共生的有名的例子，有生活在同一个巢穴中，轮流看家的枪虾与虾虎鱼，以及让蚂蚁保护自己不受敌人伤害并以蜜露相报的蚜虫。

　　相反的，只有一方受益，另一方无益无害的共生叫作"偏利共生"。

　　比如，用海参当庇护所的隐鱼的例子、为了掉落的食物而吸附于其他生物的鲫鱼的例子等，都比较有名（这里插一句，一种叫作犀鸟的鸟吃牛等动物身上的寄生虫，一直以来被认为是互利共生的典范，但实际上犀鸟是在吸食牛的伤口处的血液，在牛没有伤口时便啄破牛的皮肤使其出血，因此具有和寄生虫相近的一面）。

　　言归正传。之前说了蜜獾喜食蜂蜜与幼蜂，但蜜獾基本上是杂食，会尝试去吃任何可能可以食用的东西。即使是告知蜂蜜所在地的响蜜䴕也可能被蜜獾试着捕食。但是，响蜜䴕会巧妙回旋，引导蜜獾前往蜂蜜所在之处。在二者的关系中，响蜜䴕更胜一筹。

　　此外，蜜獾还会积极地攻击并尝试捕食毒蛇等比自己更大的猎物。如袭击毒蛇时被咬，蜜獾会暂时无法动弹，但过几个小时又会恢复活蹦乱跳。在袭击蜂巢时，蜜獾有时也会因脸部较软的皮肤被刺而痛苦得直折腾，但马上又会毫不在意地继续吞食。

　　这份令人闻之愕然的粗犷，也值得我们人类学习。

Honey Badger

蜜獾
冷知识

南非军队的装甲车以蜜獾命名。

在日本，只有东山动植物园才能看见蜜獾。

蜜獾对眼镜蛇等的神经毒素有很强的耐毒性。

蜜獾是 NHKE 电视台《和妈妈一起》节目中登场的角色的原型。

蜜獾身体如果被翻过来会变弱。

树懒

知难而退亦为明智之举

树 懒 的 启 示

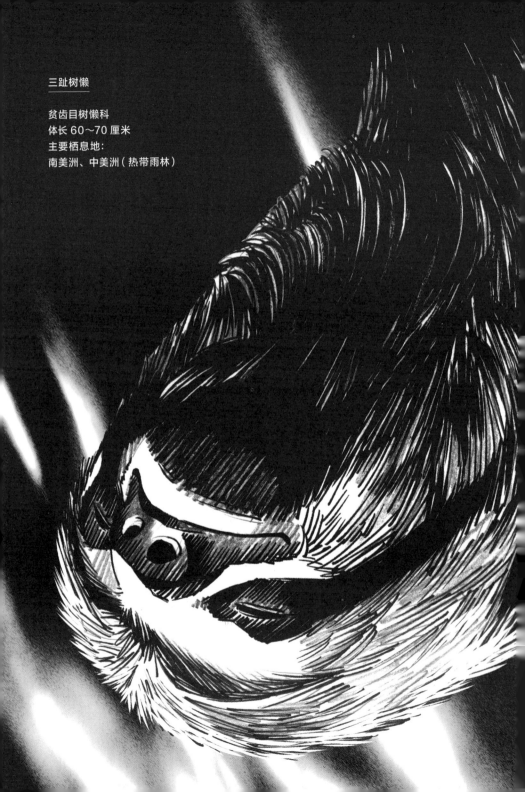

三趾树懒

贫齿目树懒科
体长 60～70 厘米
主要栖息地：
南美洲、中美洲（热带雨林）

『坚持到底』『勇于尝试
的态度至关重要』，

『永不言弃』，

历史上，众多伟人如是告诫，

这似乎已经成了世
间的『真理』——

而树懒却是反其道而行之。

正如其名，树懒
非常地懒惰，

一天的睡眠时间最长可
达20个小时。

在地上最高时速约
160米。

每天只吃8克树叶。

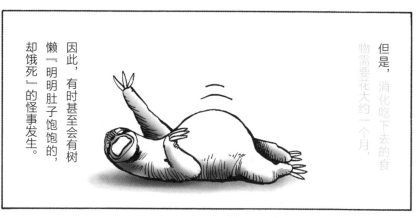

但是，消化吃下去的食物需要花大约一个月，

因此，有时甚至会有树懒「明明肚子饱饱的，却饿死」的怪事发生。

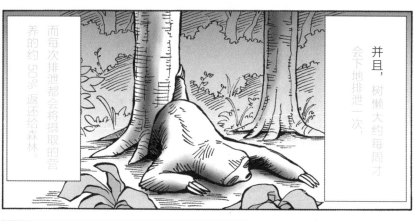

并且，树懒大约每周才会下地排泄一次，

而每次排泄都会将摄取的营养的约50%返还给森林。

树懒的天敌是老鹰，其实，老鹰有三分之一的食物来源是树懒。

在大敌当前之时，树懒会采取两种办法。

一、在先发现老鹰时，会迅速放开抓紧树枝的爪子，落向地面。

这种情况下，树懒常常会摔到骨折。

二、被老鹰发现时，

早早放弃，放松身体，不再用力，至少可以减少疼痛。

树懒从没想过用长长的指甲去战斗。

因为激烈运动的话，树懒就会因体温过高而死。

这种生存状态，对人类来说，实在是荒谬至极，

但是，我们不能忽略一个重要的事实。

那就是，即使如此，树懒也依然作为一个独立的物种存活至今。

"人生并不只是一味地燃烧哦。"

也许，只有树懒真正参悟了生命的真理。

树懒的报恩

————

树懒是彻彻底底的和平主义者。

即使是同一种类，每只树懒喜欢的作为食物的树木也各不相同，各自只在自己喜欢的树上踱步生活。这样，树懒就避免了同类之间的争斗。

不仅如此，树懒身上还寄居着多种多样的昆虫和藻类，其中最为有名的便是螟蛾科的蛾类。这种蛾类以树懒为家，安居乐业，在树懒的毛发中交配，在树懒的排泄物中产卵，终其一生。

受益的并不仅仅是蛾类一方，蛾类可以提高树懒皮毛的氮含量，从而促进藻类的生长。而藻类起着掩护树懒的作用，同时也是其重要的食物之一。

如上所说，树懒不会活跃地运动。但是，树懒在排便排尿时会从树上下来，挖坑排泄，再用落叶掩埋，举止优雅。当然，此时树懒被食肉动物的猎食者盯上的可能性也顿时提高。

树懒这种乍一看不可理喻且毫无意义的行为，在最近才被发现其实意义非凡。

树懒所居住的热带雨林的土壤缺乏营养，树木难以生长。在终年高温多湿的热带雨林，本来应成为土壤养分的落叶和倒下的树木等会被细菌等微生物分解得无影无踪。

因此，土壤会日渐贫瘠。事实上，热带雨林的树木扎根都很浅，一旦森林遭到损毁，土壤便会迅速流失，导致沙漠化。

对具有上述特征的热带雨林植物来说，树懒埋在地面下的排泄物便成了其营养来源。可以说，树懒是通过特意挖坑排泄在回报守护自己生命的树木。

而这样的行为，与我们的生活也不无关系。据推测，大气中40%的氧气其实是由热带雨林的树木供给。并且，热带雨林中栖息着地球上 50%～70% 的多种多样的生物。

人类为了开拓田地、采伐树木而砍伐森林，热带雨林正以每秒5000～8000 平方米的速度遭到破坏。曾经覆盖了地球面积 12% 的热带雨林，如今已减少至 7%，如果按照这一破坏速度，热带雨林大概只能再维持几十年。

树懒将自己的生命暴露于危险之中，默默地守护着热带雨林甚至地球的环境。

这种生存方式告诉我们，变大变强并不是唯一的进化方式，变得友好，才是最大的进化。树懒看起来行动缓慢，其实或许已经远远地走在了人类的前头。

Sloth

树懒
冷知识

树懒行动过少，所以身上会长藻类。

这种藻类起着掩护树懒的作用，也成为树懒的重要食物。

树懒会挖坑排泄。

树懒不是不动，而是因为肌肉太少而动不了。

因为没有肌肉，树懒总是保持着看起来像是微笑的表情。

树懒几乎没有体臭，因此难以被敌人发现。

曾经栖息在地球上的体长达 6 米、体重约 5 吨的大地獭是树懒的同类。

大猩猩

爱你的敌人吧

大 猩 猩 的 启 示

大猩猩

灵长目人科
身高（站立时）1.6～1.8 米
主要栖息地：
非洲西部和东部的赤道地区

无论是谁，人生中都埋伏着重重困难。

也许会遭遇背叛，

也许会受到莫名其妙的欺负。

被称为「密林王者」的大猩猩，

其实拥有一颗敏感的心。

大猩猩容易害怕，常常因为压力而拉肚子。

大猩猩的天敌是豹，总是战战兢兢地生活在对豹的恐惧之中。

大猩猩原本是很强大的。

大猩猩的握力最大可达600千克，

如果它用身体冲撞动物园的钢化玻璃，甚至可以撞出裂缝。

但是，在和同样力气大的同伴争斗时，它们会先拍打胸口来威胁对方，避免不必要的纷争。

而且它们几乎不会主动挑起战争。

大猩猩非常温柔。

在国外的动物园，

曾经报道过几起大猩猩救出不慎掉入大猩猩的围栏内后失去意识的孩子的事件。

由人类抚养长大的大猩猩可可，

可以通过手语表达自己的情感。

当可可听到饲养员送给它的，让它精心照顾的小猫因事故逝去的消息时，

它用手语表达了自己的悲伤。

被问：「大猩猩死的时候会去哪儿？」

可可回答：「在一个没有痛苦的洞穴中告别。」

被别人伤害，觉得自己处于人生低谷时，

不要想着报复，

想想大猩猩的温柔吧。

真正的强大，不是战胜别人，

而是时刻不忘慈爱之心。只有心灵强大的人才是真正的王者。

为夫、为父

————

大猩猩是和人类非常像的动物。毕竟，大猩猩和人类是同属"哺乳纲类人猿亚目人科人亚科"分类的同伴。大猩猩与人类在基因上的差别低至 2%，比起其他的猿类与大猩猩的区别，人类与大猩猩更为接近。

大猩猩与人类一样，可以在预测对方的想法后再做出行动。在猿类中，仅有大猩猩、黑猩猩、倭黑猩猩、猩猩等能够做到这一点，被称为类人猿。

大多数情况下，大猩猩会组建由一个雄性、多个雌性和孩子组成的"一夫多妻制"族群。

原则上族群之间不会交流，与其他族群保持"敌对"关系，但大猩猩们会极力避免纷争。唯一会引起激烈斗争的，便是争夺雌性，但是只要雌性痛痛快快地选择伴侣，便不会有什么问题。只有雌性在选择雄性时犹豫不决，才会发展为争斗。

大猩猩比起其他类人猿更具理性的证据是大猩猩的睾丸是类人猿中最小的。

其实，睾丸的大小会随繁殖方式的不同而变化。黑猩猩的繁殖方式为滥交型，其交配次数为大猩猩的 100 倍，因此必须要有一个巨大的睾丸，才能在精子的数量上战胜其他雄性。

而大猩猩在交配前就会在雄性之间做出决断，一旦成为夫妻，就不会"出轨"其他雄性的妻子。因此，大猩猩不需要发达的睾丸。

人类的睾丸大小在大猩猩与黑猩猩之间。虽然现在的日本等大多数国家都采用一夫一妻制，但从生物学的角度来看，类人猿几乎都是滥交型或采用一夫多妻制（但并不是说因此就可以原谅人类的出轨）。

言归正传。

也许正是因为其繁殖方式决定了可以确认孩子是否自己亲生的，所以大猩猩也是一位好父亲。

大猩猩母亲在孩子断奶后，便会将孩子放在大猩猩父亲面前然后离开。孩子在一开始会有所不安，但很快就会与兄弟姐妹打成一片。父亲在守护孩子们的同时，还会在孩子们打架时充当裁判，拥抱孩子，与孩子们玩耍，养育子女。而孩子们也会因此信赖大猩猩父亲，认可其做自己的父亲。

这样成长起来的大猩猩即使在成年之后，也不会赶走养育自己的父亲，更不会对之动武。雄性大猩猩可以通过养育子女，成为族群的终身权威领导者。

　　建议人类的男性也应如此，为了确保自身在家庭中的地位，务必向大猩猩学习，参与养育子女的工作。

Gorilla

大猩猩
冷知识

大猩猩拍打胸脯不是用拳头，而是用手掌。

大猩猩拍打胸脯的声音可传至 2～3 千米外。

西非低地大猩猩的学名是大猩猩·大猩猩·大猩猩（gorilla gorilla gorilla）。

大猩猩大部分是 B 型血。

大猩猩的词根是希腊语的"毛茸茸的女性部落"。

切勿重蹈覆辙

鼠妇的启示

鼠妇

等足目潮虫科
体长 10～15 毫米
主要栖息地：
世界各地

长长的一生中，谁都难免碰壁。

* 合格名单

梦想与现实、工作与恋爱、环境与报酬。

有人碰壁后心灰意冷。

也有人骑虎难下，白白消磨了时间。

鼠妇。

鼠妇喜欢花盆和石头下面等阴暗处，一碰它，它就会缩成球状来保护自己。

这小小的甲壳纲生物，给了人们碰壁时的灵感。

把鼠妇放进用硬纸板等材料做成的迷宫里试试，可以发现它会以一定的规则移动。

鼠妇在行动中，一旦碰壁，

便会向左或向右转弯。

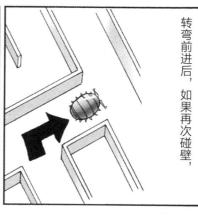

转弯前进后，如果再次碰壁，

鼠妇会转向和上次转弯相反的方向。

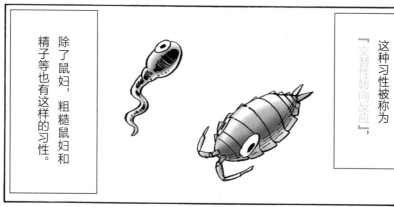

这种习性被称为「交替性转向反应」，

除了鼠妇，粗糙鼠妇和精子等也有这样的习性。

209

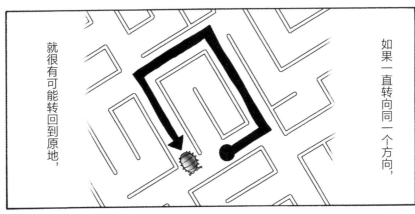

如果一直转向同一个方向，就很有可能转回到原地，

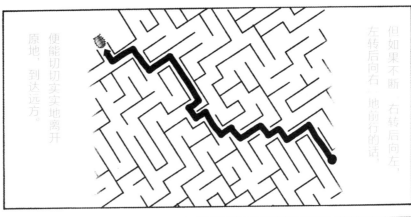

但如果不断，右转后向左，左转后向右，地前行的话，便能切切实实地离开原地，到达远方。

这种『交替性转向反应』是鼠妇逃避天敌时的本能。

结结实实地碰壁，也是一种人生。

但是，比起停滞原地踌躇不前，

再转向别处，又将是另一种人生。

在朝着另一条路前行时，

只要不重蹈覆辙，便是一种成功。

被病毒击败的鼠妇

———

鼠妇虫虽然被叫作"虫"，但它其实并不属于昆虫。倒不如说，鼠妇和虾、螃蟹的关系更近，属甲壳纲。鼠妇的脚（胸肢）杂乱无章、数量多，通常为 7 对即 14 条（但是出生时只有 6 对 12 条，在蜕皮时会增多）。

人们有时会讨论如何区分鼠妇和粗糙鼠妇，其实鼠妇只是粗糙鼠妇中会团成球的一类。虽然它们与虾、螃蟹是同类，却无法在水中生活。

生活中最常见的一类鼠妇，其雄鼠妇呈全黑或灰褐色，雌鼠妇的背上则有黄色斑点。

还有一种更准确的区分方法是看鼠妇的腹部，雄鼠妇的腹部有两根突起，雌鼠妇则没有。

这并不是鼠妇的生殖器，而是由脚变化而来的。但在交配时，鼠妇可通过这个被称为"腹肢"的突起传送、注入精子。

鼠妇类的交配全是在雌鼠妇刚蜕完皮时进行的。与帮助身体长大的成长蜕皮不同，这种蜕皮被称为"生殖蜕皮"。鼠妇是在腹部一个叫作"保育囊"的口袋中养育虫卵和幼虫的，因此需要将身体切换为"生殖模式"。

顺便提一句，或许你偶尔也会见到蓝色的鼠妇个体。这并不是新品种或突然变异，而是由病毒造成的。

如果鼠妇感染了一种被称为"虹彩病毒"的病毒，其体色会变成金属蓝色。据说，之所以会变成蓝色，是因为鼠妇体内积累的病毒结晶只能反射蓝光。

普通的鼠妇喜欢阴暗处，而感染了"虹彩病毒"的鼠妇则会跑到亮处来。即使隔得远远的，蓝色的鼠妇也十分显眼，很容易被鸟类等天敌捕食。带有病毒的鼠妇被鸟类整个吞食，又通过鸟的粪便扩散开来。

还有其他一些寄生虫、病毒等也会这样操纵宿主的身体，改变其形态，使其容易被其他动物捕食。其中双盘吸虫的例子较为有名。这种寄生虫寄生于蜗牛的眼睛中，使蜗牛的眼睛看上去像一只肥肥的绿色毛虫，更易被捕食。

当然，人类也不是毫无干系的。人体内都拥有的肠道细菌也拥有改变人类行为的力量。

人体内肠道细菌的种类与数量的变化，会使易怒的人突然变得温柔开朗、善于社交。在老鼠实验中，已成功通过移植肠道细菌改变性格，有望帮助抑郁症和情绪紊乱的治疗。

　　对人类来说，这是一件好事，但站在细菌的立场上来看，其实只是单纯地通过牵涉宿主人类，增加感染的机会、开拓栖息地罢了。而这，也正是大自然的法则。

Sow bug

鼠妇
冷知识

因为鼠妇是虾、螃蟹的同类（甲壳纲），所以无毒的鼠妇可以作为紧急时期的食物（但是味道令人难以恭维）。

鼠妇可入中药，腌渍活鼠妇可作为治疗湿疣的药，而干燥后的鼠妇是一味利尿的药。

鼠妇用嘴摄取食物，用尾部摄取水分。

明治时期，鼠妇夹杂在从国外运来的货物之中来到日本，并由此爆发性扩散。

"交替性转向反应"也是为了平衡左右足的负担。

狗

涓涓细流汇成大河

狗 的 启 示

西伯利亚雪橇犬

食肉目犬科
身高 51～60 厘米

吉娃娃

食肉目犬科
身高 15～23 厘米

想要『坚持』一件事，总是看起来容易做起来难。

减肥吧！早起吧！学习吧！

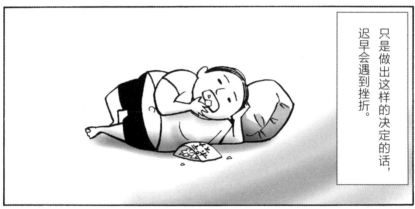

只是做出这样的决定的话，迟早会遇到挫折。

狗。

狗是和人类有着无法割舍的关系的一种动物。

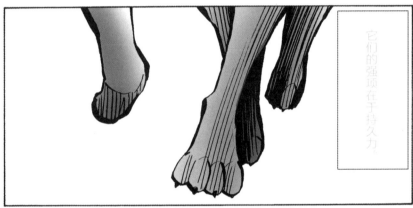

它们的强项在于持久力。

狗的祖先狼，

一旦发现猎物便群起以攻之，将其包围几小时甚至几天，直到置猎物于死地。

现代的狗也继承了这样的能力。

狗拉雪橇——

西伯利亚雪橇犬可以在8小时内连续奔跑160千米。

还创下了两天不休不眠、连续奔跑的纪录。

据说，人类首次到达南极点的探险家阿蒙森就选择了狗拉雪橇作为移动工具，

成功领先于用马和雪地车到达南极点的斯科特。

此外，狗学起本领来也十分优秀，握手和坐下自不用说，

以及后脚站立跳舞等。

还会边回头往后看边前行，

2010年，体重仅3千克的吉娃娃通过了警犬测试，成为一只光荣的警犬。

日积月累的努力不会背叛你。

*警犬

无论是多么微不足道的小事，

「坚持不懈」总会让人成长。

它会变成独一无二且无人可及的本领、特长或魅力，使人更具吸引力。

223

凝视着你便是一种幸福

———

养过狗的人一定都知道，狗有时会凝视着人的双眼，似乎想要倾诉些什么。

对很多野生动物来说，凝视是"敌意"的表现。在森林中遇到猛兽时，应当避免对视，然后向后撤退；想与猫咪和平共处的话，也最好轻轻移开视线。

但是，狗是一个例外。对狗来说，凝视有着截然不同的含义。狗在与主人凝视时，双方的体内有一种被叫作"后叶催产素"的激素水平便会上升，而这种激素与感情和关系的形成息息相关。

这是狗从狩猎等活动中通过与人对视进行交流学会的能力。实际上，用狼做同样的实验时，狼与主人的后叶催产素水平均未见上升。

据称，我们在与陌生人进行交流时，将分泌出 15%～25% 的后叶催产素，与熟人交流时为 25%～50%，而与儿童、伙伴等家人交流时甚至超过了 50%。

实验中发现，在与主人交流时，狗所分泌的后叶催产素平均达到 57.2%。这正说明，狗是如何深爱着它们的主人。

此外，狗还能通过行为分辨好人与坏人。狗会对亲切帮助过主人的人持有好感，对袖手旁观的人表示无视。狗其实也在观察着人类。

狗也能很好地理解主人的语言。不仅是学本领的时候，狗在得到主人夸奖时还会由衷地高兴。

有一个重要事实是，通过 MRI（磁共振成像）观察狗在听到夸奖语的单词和语调时的大脑反应发现，左脑对夸奖语的单词有反应，而右脑则对夸奖的语调产生反应。但是，负责大脑感应"奖赏"的部分只有在听到"以夸奖语调表述的夸奖语"时，才会产生反应。也就是说，在夸奖狗狗时只有口头夸奖是不够的，还必须全力表现才会更有效果。

另外，狗会平等地温柔对待每一个人，而不仅仅是主人。狗的共鸣能力非常高，即使是初次谋面，也能够读出对方的感情。对于哭泣的人，无论是否是熟人，狗都有凑近安慰对方的本能。狗在安慰人时不求任何赞赏与回报。即使同为人类，在看到陌生人哭泣时，人大多会视而不见，而狗则无论对方是谁都会靠近上前。这份情深意重，值得我们学习。

Dog

狗
冷知识

日本法律规定，只要狼有 0.1% 的狗类血统，即可作为狗来饲养。

中世纪欧洲的贵妇们牵狗散步的理由是，可以将放屁嫁祸于狗。

意大利有条例规定连续 3 天不遛狗将被罚款。

成为警犬的吉娃娃有望在灾害现场发现幸存者方面大展身手。

有狗专用的隐形眼镜，以及狗专用的抗抑郁药。

狗也怕烫。

袋鼠

勇往直前，绝不言退

袋 鼠 的 启 示

红袋鼠

双门齿目袋鼠科
身高 1.3～1.6 米
主要栖息地：
澳大利亚大陆

個人ノルマ *个人目标

怀着梦想与目标，

并朝之不懈努力，
是多么美好的过程。

*招募正式员工

正社員募集!!

然而，有时『不安』与『迷茫』，

会让人望而却步。

袋鼠。

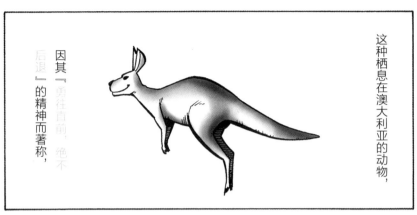

这种栖息在澳大利亚的动物，

因其『勇往直前，绝不后退』的精神而著称，

还被绘制于澳大利亚的国徽图案中。

那么，为什么袋鼠只能前行呢？

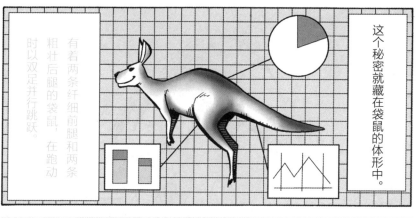

这个秘密就藏在袋鼠的体形中。

有着两条纤细前腿和两条粗壮后腿的袋鼠，在跑动时以双足并行跳跃。

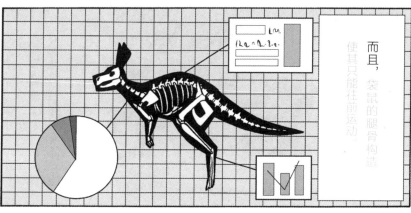

而且，袋鼠的腿骨构造使其只能往前运动。

有了这样的体形，比起四肢并用，袋鼠可以通过消耗更少的能量，实现高速移动。

* 咻——

袋鼠拥有时速超60千米的速度，

以及一跃可达12.8米的弹跳能力。

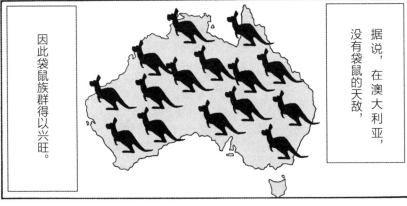

据说，在澳大利亚，没有袋鼠的天敌，

因此袋鼠族群得以兴旺。

然而，袋鼠虽然与其他动物和平相处，

袋鼠之间却是时见纷争。

袋鼠打架的样子，被形容像『踢拳选手』，

轻盈的步法、敏锐的拳打脚踢都是袋鼠的格斗武器。

只要决定了不往后看，

人生总会有各种各样的可能。

无论何时都要向前！向前！

『该出手时就出手』！

为了在自然界中存活

――――

　　袋鼠是一种不可思议的生物。袋鼠的起源要追溯到中生代，比人类还要遥远得多。远在恐龙仍在昂首阔步的时代，袋鼠的祖先们就已经播撒下了生命的种子。

　　袋鼠属有袋类，这类保持着原始特征的动物在之后与我们人类――有胎盘类――的生存竞争中败下阵来。结果，袋鼠们逐渐南下，在连接着当时还很温暖的南极大陆的澳大利亚落脚并繁衍下来。此后，南极大陆与澳大利亚、南美分离，现在的有袋类动物仅栖息于澳大利亚、南美、新西兰等极少数地区。

　　袋鼠的身体构造十分特殊，雌袋鼠有三个阴道（其中一个为假阴道，其实是产道），雄袋鼠的阴茎分为两股，睾丸位于阴茎前方。

　　而提到袋鼠最著名的特征，恐怕就是它在口袋中养育幼儿的习性吧！只有约两厘米、粉红色的、像胚胎一样的小袋鼠，一生下来就会

236

凭借自己的努力爬到袋鼠妈妈的肚子上被称为"育儿袋"的口袋里。袋鼠妈妈舔自己的腹部，为小袋鼠创造抵达口袋的道路。小袋鼠在口袋里喝两三个月母乳，不断成长，当长到一定大小后便会来到口袋外面。因为初生的小袋鼠爬进口袋里的速度快得惊人，所以即使是动物园的工作人员也难以观察到这一瞬间（因此，人们把饲养的袋鼠以其从口袋中探出小脑袋的日子定为其生日）。

因为一直带着孩子，袋鼠给人留下了"好妈妈"的印象，但袋鼠一旦察觉口袋中的孩子有异常（生病等），就会把小袋鼠从口袋中拿出来放任不管，并生产新的孩子。危险降临时，妊娠期长的有胎盘类动物往往子随母丧，而袋鼠则是把孩子放在一旁，独自逃生。

也许看起来很残忍，但这其实是袋鼠的生存策略之一。不仅仅是袋鼠，很多动物常有抛弃弱小的幼儿、抚养强大的孩子的行为。这并不是袋鼠冷血无情，而是野生世界太过残酷。

此外，一旦母亲认为环境不适于育儿，便会有意识地停止胎儿的细胞分裂，等有好环境时才再次开始成长。

袋鼠在交配后则立即怀胎，但会在适宜育儿的时期调节胎儿的成长，因此生产一只袋鼠，会同时出现培育"已经出袋但仍在哺乳的孩子""正在袋中哺乳的孩子""在子宫内处于胚芽状态的孩子"的现象，可见其聪颖程度。

如袋鼠一般，生物的世界里，有着绝对无法以人类的常识来解释的不可思议的现象，以及在自然环境中生存所孕育的智慧与坚强。

Kangaroo

袋鼠
冷知识

跑动时，袋鼠的尾巴起着相当于人类一条腿的作用。

袋鼠家族可以分为 3 大类，分别是大型的大袋鼠、小型的沙袋鼠和中间体形的岩大袋鼠。

袋鼠出生时是重量不到 1 克的早产儿，并且生于母亲的腹袋中，生日被定为其成长后从口袋中露面的日子。

观看人类与袋鼠的拳击比赛一度十分流行。

和袋鼠同样被指定为澳大利亚"国家动物"的鸸鹋（大型鸟类）也是只能前进的动物。

参考文献

《厉害的动物学》永冈书店

《大杂学 9——有趣的动物生态学》每日新闻社

《裸鼹鼠：女王·军队·底层员工》岩波书店

《爱炫耀的海豚、好吃的蚂蚁——关于动物们的生殖行为和奇妙生态的
69 讲》飞鸟新社

《不可思议的海豚》新文堂新光社

《大象的鼻子为什么那么长？越了解越有趣——动物的不可思议之处》
筑摩书房

《动物的价值》Loco-Motion publishing

《昆虫很厉害》光文社

《鼠妇有心吗？新型心之科学》PHP 研究所

《猫的感觉：动物行动学告诉你猫的心理》早川书房

《不劳作的蚂蚁是有意义的》角川书店

《大家很想知道的企鹅的不可思议之处——为什么企鹅不在北半球？真的
也有不耐寒的企鹅吗？》SB Creative 株式会社

《企鹅的世界》岩波书店

《章鱼的才能——最聪明的无脊椎动物》太田出版

Original Japanese title: LIFE NINGEN GASHIRANAI IKIKATA
Copyright © 2016 by ASOU Haro and SHINOHARA Kaori
Original Japanese edition published by Bunkyosha Co., Ltd.
Simplified Chinese translation rights arranged with Bunkyosha Co., Ltd.
through The English Agency (Japan) Ltd. and Eric Yang Agency

著作权合同登记号：图字 18-2018-105

图书在版编目（CIP）数据

生命在于静止：有趣动物的冷知识 /（日）篠原薫
著；（日）麻生羽吕绘；宋忆萍译. —长沙：湖南文
艺出版社，2020.3
ISBN 978-7-5404-9505-3

Ⅰ.①生… Ⅱ.①篠… ②麻… ③宋… Ⅲ.①动物—
普及读物 Ⅳ.① Q95-49

中国版本图书馆 CIP 数据核字（2020）第 007623 号

上架建议：大众读物·趣味科普

SHENGMING ZAIYU JINGZHI：YOUQU DONGWU DE LENGZHISHI
生命在于静止：有趣动物的冷知识

著　　者：〔日〕篠原薫
绘　　者：〔日〕麻生羽吕
译　　者：宋忆萍
出 版 人：曾赛丰
责任编辑：刘诗哲
监　　制：毛闽峰 李 娜
特约策划：李 颖 陈 鹏
特约编辑：王 静
版权支持：金 哲
特约营销：吴 思 刘 珣
装帧设计：梁秋晨
出　　版：湖南文艺出版社
　　　　　（长沙市雨花区东二环一段 508 号　邮编：410014）
网　　址：www.hnwy.net
印　　刷：三河市中晟雅豪印务有限公司
经　　销：新华书店
开　　本：875mm×1270mm　1/32
字　　数：119 千字
印　　张：8
版　　次：2020 年 3 月第 1 版
印　　次：2020 年 3 月第 1 次印刷
书　　号：ISBN 978-7-5404-9505-3
定　　价：45.00 元

若有质量问题，请致电质量监督电话：010-59096394
团购电话：010-59320018